100개의 별, 우주를 말하다

지은이 **플로리안 프라이슈테터**

오스트리아 빈 대학에서 천문학을 공부하고 소행성을 주제로 박사학위를 받았다. 소행성 중 하나가 그의 이름을 따서 명명되기도 했다. 2008년에 그가 개설한 천문학 블로그 'Astrodicticum Simplex'는 현재 최다 방문객을 자랑하는 독일어권 인기 과학 블로그다. 《지금 지구에 소행성이 돌진해 온다면》(2014 미래창조과학부 우수도서), 《소행성 적인가 친구인가》(2016 한국출판문화산업진흥원 청소년 권장도서), 《우주, 일상을 만나다》(독일 2014 올해의 과학 도서)를 비롯한 다수의 책을 썼으며, 현재 독일 예나에 살면서 저술 활동에 매진하고 있다.

옮긴이 **유영미**

연세대 독문과와 동 대학원을 졸업했으며 현재 전문번역가로 활동하고 있다. 아동 도서에서부터 인문, 교양과학, 사회과학, 에세이, 기독교 도서에 이르기까지 다양한 분야의 번역 작업을 하고 있다. 프라이슈테터의 《소행성 적인가 친구인가》, 《지금 지구에 소행성이 돌진해 온다면》을 비롯하여, 《왜 세계의 절반은 굶주리는가》, 《인간은 유전자를 어떻게 조종할 수 있을까》, 《박물관의 나비 트렁크》 등 다수의 책을 옮겼다. 《스파게티에서 발견한 수학의 세계》로 2001년 과학기술부 인증 우주과학도서 번역상을 받았다.

감수자 **이희원**

서울대학교 물리학과를 졸업하고 미국 캘리포니아 공과대학교에서 천체물리학 박사학위를 받았다. 현재 세종대학교 물리천문학과에서 학생들을 가르치고 있다.

100개의 별, 우주를 말하다
불가해한 우주의 실체, 인류의 열망에 대하여

플로리안 프라이슈테터 지음

유영미 옮김·이희원 감수

갈매나무

추천사

별은 분명 당신의 시야를 넓혀줄 것입니다

은하수를 사이에 두고 서로를 바라보는 견우와 직녀에 대한 이야기를 들어보셨을 겁니다. 고구려 고분 벽화에도 나타나 있는 이 이야기는 옛사람들이 별을 보고 만들어낸 이야기죠. 오랜 시간 인류는 이처럼 별을 보며 이야기를 지어냈습니다. 물론 별은 실생활에도 활용됐습니다. 달력을 만들 때도, 농사를 짓거나 항해를 할 때도 과거 사람들은 별을 기준으로 삼았죠. 알고 보면, 우리가 보고 있는 별 하나하나에 인류의 이야기가 담겨 있습니다.

현재는 망원경과 뛰어난 광 검출 장치가 있고, 천문학자들은 이제 수억 개를 훌쩍 넘는 별들의 데이터를 만지작거리고 있습니다. 별은 성간물질이 뭉쳐져 핵융합을 하게 되면서 생애를 시작합니다. 그리고 핵연료가 고갈되면 점차 불안정해지며 죽음의 문턱에 다다르죠. 결국 초신성 폭발과 함께 블랙홀이 되기도, 중성자별이 되기도 하며 조용히 외피를 벗고 백색왜성으로 안착하여 삶을 끝내기도 합니다. 주변의 환경에 따라, 상황에 따라 달라지는 이러한 별의 생애에는 매우 복잡한 사연이 생기게 됩니다. 그리고 천문학은 그동안 관측을 통해 그 데이터들을 모아왔죠. 지금까지 축적된 우주 관측 데이터는 138억 년에 걸쳐 우주가 써내려간 이야기들로 가득합니다. 그러니까, 하늘의 한편에는 인류가 만든 이야기가, 다른 한편에는 천문학이 엮은 우주의 이야기가 있는 것입니다.

《100개의 별, 우주를 말하다》에는 인류 문명의 초창기부터, 우주의 진화와 외계 행성을 탐구하는 현대 천문학에 이르기까지 우주를 연구하는 인류의 다양한 모습이 생생하게 담겨 있습니다. 우리의 몸을 이루고 있는 별의 물질들, 항성의 진화 과정, 아직 풀리지 않은 수수께끼인 블랙홀과 암흑 에너지, 그리고 이 모든 것을 알아내기 위해 고군분투했던 천문학자들의 이야기.

독자들이 이 책을 통해 우주에 대한 주옥같은 지식과 함께 우주를 바라보는 새로운 시각을 얻길 바랍니다.

이희원(세종대학교 물리천문학과 교수)

들어가며

신화에서 블랙홀까지 별에 얽힌 모든 이야기

100개의 별로, 우주에서 일어난, 그리고 일어나고 있는 일들을 두루 이야기할 수 있을까? 우주의 역사를 살펴볼 수 있을까? 우주는 우리의 상상보다 훨씬 크며, 우주에는 무수한 별이 있다. 별의 개수가 정확히 얼마나 되는지는 이 책이 소개하는 우주에 대한 100가지 이야기 중 하나의 주제이기도 하다.

이 책에 100개의 별과 이들이 들려주는 흥미로운 우주 이야기를 담았다. 별, 은하, 행성을 비롯한 천체들, 특별한 우주 현상에 대한 이야기, 은하 충돌과 블랙홀에 대한 이야기. SF에서 나오는 것보다 더 독특한 행성도 만나게 될 것이다. 어떤 별은 우주의 시작을 엿보게 해주고, 어떤 별은 우주의 미래를 가늠하게 해줄 것이다.

우주 이야기는 인간의 이야기이기도 하다. 인류가 존재한 이래 하늘은 인간에게 한결같은 매력을 행사해왔다. 별들은 인류의 문화와 사상에 영향을 미쳤고, 인류를 지금의 인류로 만들었다. 그리하여 이 책에는 우주에 대한 인류의 지식을 확장하는 데 중요한 역할을 한 학자들의 이야기도 담겼다. 아이작 뉴턴Isaac Newton, 알베르트 아인슈타인Albert Einstein처럼 유명한 인물뿐 아니라 잘 알려지지 않은 사람의 이야기도 들려줄 것이다. "우주에는 대체 별이 몇 개나 있을까?"

라는 질문에 답변을 찾은 도리트 호플리트Ellen Dorrit Hoffleit, 우주가 얼마나 큰지를 알게 해준 헨리에타 스완 레빗Henrietta Swan Leavitt, 별이 어떤 물질로 구성되어 있는지를 규명한 세실리아 페인Cecilia Payne, 태양 중심의 세계관으로의 길을 닦은 게오르크 폰 포이어바흐Georg von Peuerbach, 단번에 지구가 태양 주위를 돈다는 것을 보여준 제임스 브래들리James Bradley 등이 그들이다. 이들을 비롯하여 이 책에 등장하는 모든 사람은 밤하늘을 보며 경탄하는 데서 그치지 않고 우리가 우주를 폭넓게 이해할 수 있도록 도와준 장본인들이다.

별빛은 우리에게 138억 년 전에 모든 것이 어떻게 시작되었는지, 태양과 지구가 어떻게 탄생했는지를 알려준다. 별빛은 인류가 신화와 이야기를 지어내도록 해주었을 뿐 아니라 기술적 능력을 발휘하고, 철학적 사고를 하도록 자극을 주었다. 오늘날에도 별빛은 지구가 전 우주에서 생명체가 거주하는 유일한 행성일지, 인류의 미래에 대한 답을 찾도록 우리를 몰아가고 있다.

이 책에서 다루는 100개의 별은 공통점이 별로 없다. 아주 밝아서, 수천 년 전부터 별 이야기를 할 때면 빠지지 않고 등장한 별도 있고, 조도가 약해서 거대한 천체망원경으로 봐야만 식별이 가능한 별도 있다. 어떤 별은 친숙한 이름을 달고 있고, 어떤 별은 숫자와 철자로만 명명된다. 어떤 별은 크며, 어떤 별은 작고, 어떤 별은 가깝고, 어떤 별은 멀다. 어떤 이야기는 막 탄생한 별에 관한 것이며, 어떤 이야기는 이미 오래전에 죽은 별에 관한 것이다.

별들은 우주 자체만큼 버라이어티하다. 모든 별은 자신만의 이야기를 들려주며, 더불어 온 세계의 이야기를 들려준다. 그렇기에 차례대로 읽지 않고 아무 곳이나 펴서 읽을 수 있게끔 각 꼭지를 독립적으로 구성했다. 물론 처음부터 끝까지 죽 읽어가며, 각각의 이야기와 더불어 우주의 비밀에 깊숙이 들어가도 좋다.

우주 이야기는 한 사람이 한 권의 책으로 기록하기에는 너무나 방대하고 복잡하다. 그럼에도 100개의 별을 도구 삼아 그간 인류가 우주에 대해 알게 된 것들을 두루두루 소개하려 한다. 이것은 오랜 세월에 걸쳐 자신이 살고 있는 세계를 이해하고자 했던 인간들의 이야기이자, 그 과정에서 이들이 얻었던 매력적인 인식의 이야기다. 아무쪼록 독자들에게 즐거운 우주여행이 되길 바란다.

차 례

인류는 수천 년 동안 하늘을 올려다보며 우주에 대해, 우주 속 인류의 역할에 대해 숙고해왔다

✦✦ 우주에 아무것도 없는 곳은 존재하지 않는다

✦ '중력의 빛'과 함께
천문학의 새로운 시대가 개막된 것이다

수많은 세계가 우리의 발견을 기다리고 있었다.

태양
가깝고도 먼

지구와 태양의 거리를 찾아서

인류에게 어떤 별보다 더 중요한 별이 있다. 그런데도 우리는 평소 그가 별이라는 걸 잘 의식하지 못한다. 태양은 우리의 생명과 문화에 필수 불가결한 존재다. 그래서일까. 우리는 평소 그의 본질을 거의 잊어버리고 산다.

태양 역시 별이다. 다만 우리에게 너무 가까이 있다 보니 다른 별처럼 여겨지지 않을 뿐이다. 그렇다면 태양은 우리에게 얼마나 가까이 있을까? 이것은 상당히 중요한 질문이라 학자들은 아주 일찍감치 이 질문의 답을 찾으려 했다. 이미 2000년도 더 전, 고대 그리스의 아르키메데스Archimedes, 사모스의 아리스타르코스Aristarchos, 히파르코스Hipparchos 같은 학자들도 그 대답을 찾고자 했다. 그러나 광학기기가 없고, 하늘에서 무슨 일이 일어나는지 알지 못하는 상태에서 이들의 계산은 부정확할 수밖에 없었고 실제 수치에 전혀 근접하지 못했다.

거리 측정은 사실 간단하다. 시차視差만 재면 되기 때문이다. 즉 서로 다른 위치에서 태양을 관찰하며 그 위치가 어떻게 달라지는지만 파악하면 되는 것이다. 태양이 우리에게 가까이 있을수록 시차는 더 커지고, 그로부터 직접적으로 거리를 계산할 수 있다. 태양이 극도로 밝지만 않다면 말이다. 하지만 태양은 너무나 밝아서 기준으로 삼을 만한 별들을 가려버리기 때문에 하늘에서의 위치 변화를 정확히 관측할 수 없다.

그러나 간접적으로는 파악할 수 있다. 태양계 천체들의 상대적인 거리는, 요하네스 케플러와 아이작 뉴턴 때부터는 잘 알려져 있었다. 케플러의 제3법칙에 따르면 행성이 태양을 공전하는 주기는 태양과 그의 평균 거리에 좌우된다. 공전주기를 알아내는 건 관측하면 되는 것이니 별로 문제가 되지 않았다. 중요한 것은 이로부터 중력 법칙을 이용하여 정확한 거리를 계산하기 위해 행성과 태양의 질량을 알아야 한다는 것인데 당시에는 알 수 없었다.

따라서 활용할 수 있는 것은 상대적인 거리뿐이었다. 즉 태양으로부터 어느 행성의 거리 대 태양으로부터 다른 행성의 거리 말이다. 목성이 태양에서 지구보다 다섯 배 더 멀리 있다는 건 알고 있었다. 하지만 그것이 몇 킬로미터인지 구체적인 수치는 알지 못했다. 상대적인 거리로부터 절대적인 수치를 계산하기 위해서는 우선 어떤 것이든 두 천체 사이의 거리를 정확히 알아야 했다.

금성의 일면통과를 활용하다

학자들은 달이나 화성의 시차 각도를 측정함으로써 거리를 알아내고자 했다. 17세기에 얻은 수치도 이미 고대 그리스의 것보다 조금 더 정확했지만, 18세기에 그보다 더 정밀하게 측정할 수 있는 아주 좋은 기회가 주어졌다. 1761년과 1769년에 금성이 지구와 태양 사이를 정확히 지나가게 되었던 것이다. 금성이 어떤 모습으로 지나가는지, 그리고 시간이 얼마나 걸리는지는 어느 곳에서 그 사건을 관찰하는지에 따라 달라진다. 물론 금성과 지구 사이의 거리에 따라서도 달라진다. 따라서 이제 이런 '금성의 통과transit'를 서로 다른 위치에서 관측하고 그 소요 시간을 정확히 재면, 금성과 지구의 거리를 알아낼 수 있다. 그리고 이 수치를 토대로 태양계 모든 천체의 절대적인 거리도 계산할 수 있다.

그리하여 1761년, 전 세계의 천문학자들은 금성의 통과를 학수고대했고, 관측에 열을 올렸다. 시베리아에서, 스칸디나비아반도에서, 인도에서, 유럽에서, 미국에서 관측했고, 심지어 먼 타히티섬에까지 관측자들을 파견했다. 그리고 모든 관측 데이터를 모아 지구에서 태양까지의 거리를 계산했다. 그 결과는 1억 5300만 킬로미터였다!

물론 훗날 학자들은 더 정확한 방법을 찾아냈고, 20세기에 들어서는 레이더 전파의 반사를 통해 지구와 금성의 거리를 직접적으로 더 정확하게 측정할 수 있게 되었다. 하지만 결코 정확한, 절대적인 값을 얻을 수는 없다. 지구와 태양의 거리는 늘 변화하기 때문이다. 공전궤도에서 어떤 때는 지구가 태양에 더 가까이 가고, 어떤 때는 조금 더 멀리 떨어진다. 그리하여 2012년 국제천문연맹IAU은 더 정확한 값을 찾는 노력을 종식하고는 태양과 지구의 거리에 '천문단위'라는 이름을 붙인 뒤, 이 새로운 길이 단위를 약 1억 4960만 킬로미터로 규정했다.

2MASS J18082002-5104378B
빅뱅을 엿보다

태초에 소립자가 있었으니

2MASS J18082002-5104378B는 지루해 보이는 이름과 달리 상당히 흥미로운 별이다. 이 별은 지구에서 약 2000광년 떨어진 적색왜성으로, 우주의 시초를 조금이나마 엿볼 수 있게 해준다.

138억 년 전 우주가 생겨났을 때는 아직 아무것도 없었다. 아니, 잠재적으로 모든 것이 있었지만, 아직 오늘날과 같은 형태를 띠지는 않았다. 오늘날 우주는 물질로 이루어진 복합적인 천체들로 가득하다. 가스로 이루어진 뜨겁고 거대한 구 모양의 천체들이 있고, 작은 구들이 그 주변을 돈다. 그리고 그런 작은 구에 작은 생명체들이 번성하게 된 것이 바로 지구다.

빅뱅의 순간에 대해서는 그다지 신빙성 있는 발언을 할 수가 없다. 그러나 그 직후의 시간에 대해서는 상당히 잘 알려져 있다. 처음에는 엄청나게 뜨거웠고, 에너지와 소립자만 존재했다. 이것들이 오늘날 우리가 아는 원자로 뭉쳐져야 했는데, 그것은 결코 쉬운 일이 아니었다. 원자는 껍질과 원자핵으로 구성되며, 원자핵은 양전하를 띠는 양성자와 전하를 띠지 않는 중성자로 구성된다. 그리고 양성자와 중성자는 다시금 쿼크로 이루어진다. 쿼크는 현재의 알려진 가장 작은 입자로, 더 이상 쪼갤 수 없는 기본 입자다.

원자가 어떤 원소인지를 결정하는 것은 원자핵 속 양성자의 수다. 양성자가 한 개면 수소, 두 개는 헬륨, 세 개는 리튬이 된다. 반면 원자핵 속 중성자의 수는 같은 원소라도 다를 수 있으며, 원소의 기본적인 화학적 성질에 영향을 미치지 않는다. 완전한 원자가 되려면 핵 주변에 껍질이 있어야 하는데 그 껍질은 음전하를 띠는 기본 입자인 전자로 이루어진다.

원자의 탄생 과정과 비율

원자가 안정적으로 존재하려면 외적인 조건이 조성되어야 한다. 하지만 빅뱅 직후의 우주에서는 이런 조건이 조성되지 않은 상태였다. 갓 태어난 우주는 너무 고온이었기 때문에 쿼크와 전자가 굉장히 빠르게 운동했고 안정된 원자는 만들어질 수 없었다. 그러나 다행히 우주는 빠르게 식었다. 불과 100분의 1초가 흐르는 동안 새로 탄생한 우주의 온도는 이미 섭씨 100억 도 정도로 식어, 쿼크가 결합하여 양성자와 중성자를 이룰 수 있게 되었고, 잠시 뒤 양성자와 중성자로부터 첫 원자핵들과 첫 화학 원소들이 탄생했다.

수소는 아주 간단하다. 양성자 하나면 이미 완벽한 수소 원자핵이다. 헬륨 원자핵이 되려면 양성자 두 개와 중성자 두 개가 서로 만나 뭉쳐져야 한다. 문제는 혼자서 우주를 날아다니는 중성자는—양성자와는 달리—안정적이지 못하다는 것이다. 그리하여 몇 분 되지 않아 방사성 붕괴를 일으킨다. 따라서 빅뱅 직후의 양성자와 중성자는 이런 불과 몇 분의 시간 동안 서로 만나 결합해 원자핵을 구성해야 했다.

이런 짧은 시간에는 복잡한 원자핵이 구성될 수 없었다. 그래서 초기의 우주에는 수소 원자핵이 가장 많았고(75퍼센트), 다음으로 헬륨 원자핵(25퍼센트)이 있었으며, 리튬 원자핵과 베릴륨 원자핵이 아주 소량 산발적으로 돌아다니는 정도였다.

최소한 현재의 우주론은 빅뱅 직후 화학 원소가 이런 비율로 존재했다고 말한다. 이런 이야기가 맞는지는 관측을 통해 검증할 수밖에 없다. 가령 아주 연대가 오래된 별들을 통해서 가능하다. 우주에서 가장 먼저 생긴 별들은 당시 존재했던 원소들로만 구성될 수 있었을 테니 말이다. 그런 별들은 주로 수소와 헬륨으로 이루어져 있을 테고, 수소와 헬륨의 비율은 위에서 언급한 대로일 것이다. 다른 모든 화학 원소는 비로소 나중에야 별 내부의 핵융합을 통해서 탄생했다. 그러므로 오래된 별일수록 빅뱅이 있은 지 얼마 안 되었을 때 존재하던 원소들로만 구성되어 있을 것이 틀림없다.

이런 예상은 들어맞았다. 2MASS J18082002-5104378B는 우리가 알고 있는 별 중 가장 오래된 별이다. 이 별은 빅뱅 후 2억~3억 년밖에 지나지 않은 시점에 탄생했다. 그리고 정말로 주로 수소와 헬륨으로 이루어져 있다. 비율도 예상했던 그대로다.

상상을 초월한 먼 과거, 우주의 시작 시점에 일어났던 일에 대해 이렇게 구체적으로 얘기 할 수 있다니 신기하다. 이는 전부 오래된 별들 덕분이다. 이들 덕택에 우리는 우주론을 검증할 수 있으며, 우주가 시작한 순간을 잠시 엿볼 수 있다.

황소자리 34
별로 오해받았던 행성

태양계의 일곱 번째 행성

황소자리Tauri 34라는 별은 존재하지 않는다. 황소자리 34를 관측한 영국의 천문학자 존 플램스티드John Flamsteed가 본인이 하늘에서 발견한 것이 무엇인지 정확히 알았더라면 유명해질 수 있었을 것이다.

18세기 초 영국 왕립 그리니치 천문대 천문학자였던 플램스티드는 커다란 성도星圖를 작성하는 중이었다. 이를 위해 그는 하늘을 체계적으로 샅샅이 뒤져서 별들의 위치를 기입했다.

그가 기입한 이름 중 하나가 '황소자리 34'다. 그러나 사실 그건 별이 아니라 행성이었다. 바로 천왕성이었던 것이다. 하지만 당시는 아무도 천왕성의 존재를 알지 못했다. 천왕성은 태양을 공전하지만, 공전궤도가 토성의 궤도 훨씬 바깥에 있어 육안으로는 보이지 않으며, 망원경으로 봐도 별과 거의 구분이 되지 않는다. 그러나 여러 날에 걸쳐 관측해보면 진짜 별과 달리 위치가 변하는 것을 볼 수 있다.

플램스티드가 첫 관측에서 황소자리 34의 정체를 깨닫지 못했던 것은 이해할 수 있다. 관측을 하는 와중에 여러 해가 흘렀고, 하늘에서 위치를 바꾼 것이 같은 천체라는 걸 알아채지 못한 것도, 뭐 이해되는 일이다. 게다가 그가 사용하는 망원경은 천왕성을 작은 원반으로 보여줄 만큼 성능이 좋지 못했다. 그의 눈에는 천왕성이 하늘의 다른 모든 점들처럼 그냥 똑같은 점으로만 보일 따름이었다.

그러나 1715년 3월 한 주 사이에 천왕성이 세 번이나 자신의 망원경 시야 안으로 들어왔을 때, 그는 다른 별들의 배경 앞에서 이 천체가 약간 움직였다는 걸 알아채야 했다. 하지만 플램스티드는 그러지 못했다. 관측 데이터를 세심하게 평가하지 못한 바람에 새로운 행성을 발견하는 영예를 놓쳐버린 것이다. 플램스티드와 그런 아쉬운 운명을 함께한 천문학자가 또 한 사람 있다. 독일의 천문학자 토비아스 마이어John Tobias Mayer 역시 천왕성을 관측해놓고도, 이것이 새로운 행성인지 알지 못했다.

두 배로 확장된 태양계

이로부터 66년이 지나서야 비로소 영국의 천문학자 윌리엄 허셜 Frederick William Herschel이 천왕성 발견의 영예를 안았다. 1781년 3월 13일 자신의 정원에서 하늘을 관측하던 윌리엄 허셜은 황소자리에서 전에 보지 못했던 점광원을 발견했다. 윌리엄 허셜은 망원경을 스스로 제작했을 뿐 아니라 누구보다 더 잘 만들 수 있었으므로, 그 점광원이 별이 아니라는 것을 깨달을 수 있었다. 처음에 윌리엄 허셜은 그 천체를 혜성으로 여겼다. 그러나 동료들의 계산 결과 곧 그것이 지구보다 열아홉 배나 먼 거리에서 태양 주위를 도는 행성임이 밝혀졌다.

이 발견은 정말 센세이션했다. 그때까지 육안으로 보이는 수성, 금성, 지구, 화성, 목성, 토성, 이렇게 여섯 개의 행성만 알려져 있었기 때문이다. 이들 외에 또 커다란 천체가 태양 주위를 돌고 있다고는 상상도 못 했던 것이다. 윌리엄 허셜의 천왕성 발견으로 말미암아 태양계의 크기는 단번에 두 배로 늘어났고, 이 발견은 천문학 연구에 새로운 가능성을 열어주었다.

윌리엄 허셜의 발견은 시작에 불과했다. 우주에 존재하는 수많은 세계가 우리의 발견을 기다리고 있었다. 이후 인류는 해왕성, 명왕성뿐 아니라 많은 소행성과 다른 별을 도는 행성들을 발견했다. 그런데 만약 플램스티드가 조금 더 세심하게 주의를 기울였다면 인류의 행성 찾기 대장정이 66년 당겨지지 않았을까.

알키오네
혁명의 시작

우주관 전복의 기미

인류의 우주관이 지구를 우주의 중심으로 보는 지구중심설 또는 천동설에서 태양을 중심으로 보는 태양중심설 또는 지동설로 전환된 시기는 대략 17세기 초반으로 알려져 있다. 바로 갈릴레오 갈릴레이 Galileo Galilei 와 요하네스 케플러 Johannes Kepler 가 새로운 인식을 통해 지구가 우주의 중심이 아니라 태양 주위를 돌고 있음을 보여주었던 시기다. 그러나 모든 혁명에는 혁명 전야가 존재하는 법이다.

아리스타르코스는 3세기에 이미 지구가 우주의 중심에 붙박이로 고정되어 있지는 않을 거라고 추측했다. 하지만 그런 생각까지 혁명 전야로 볼 수는 없을 것이다. 그러므로 여기서 우리는 혁명 전야의 시작을 1457년 9월 3일로 보려 한다. 이날 게오르크 폰 포이어바흐와 그의 제자 레기오몬타누스 Regiomontanus 는 오스트리아의 멜크에서 별 알키오네(황소자리 에타)에 시선을 집중시키고 있었다. 이날 월식이 있었는데 이 두 천문학자는 월식에만 관심이 있는 것은 아니었다. 이들은 지구의 그림자가 보름달을 어떻게 가리는지 관찰하는 데 그치지 않고, 그 일이 일어나는 시간을 정확하게 규명하고자 했다. 하지만 15세기의 시계는 정확하지 않았기에 이들은 하늘의 별을 활용해 시간을 계산해야 했다.

포이어바흐는 상당히 늦은 나이인 23세에 비로소 대학 공부를 시작했으나 공부한 지 3년 만에 이탈리아의 대학교에서 강의를 시작했고, 이후 빈 대학교에서 최초의 천문학 교수가 되었다. 그리고 이곳에서 천문 도표를 작성하는 데 몰두했다. 수식과 숫자가 적힌 기다란 표를 만들고 그로부터 태양, 달, 행성의 위치를 계산하기 위함이었다.

표의 데이터를 점검하려면 구체적인 관측이 필요했고, 구체적인 관측을 하려면 예측할 수 있는 하늘의 사건이 필요했다. 1457년 9월 3일의 월식도 그런 사건이었다. 포이어바흐는 태양, 달, 행성의 위치를 오류 없이 계산하고 점검하기 위해 월식이 일어난 시각을 정확히 알고자 했다.

포이어바흐는 시간 계산을 위해 지구가 하루 한 번 자전한다는 사실을 활용했다. 아니, 당시의 시각으로 말하자면 별들이 하루 한 번 지구를 중심으로 도는 현상을 활용했다. 지구가 돈다고 생각하든, 하늘이 돈다고 생각하든 관찰할 수 있는 것은 어느 별이 시간이 지나면서 점점 더 하늘 높이 뜨다가, 최고점에 이른 다음에는 다시금 서서히 진다는 사실이었다. 이런 현상은 지구가 자전하는 속도에 맞추어 일정한 속도로 일어난다. 그러므로 어느 별이 지평선 위로 얼마나 높이 떠 있는가를 측정하면 시간의 경과를 알 수 있다. 포이어바흐와 레기오몬타누스가 알키오네를 보고 있었던 것은 바로 이런 이유였다. 밝게 빛나는 알키오네는 플레이아데스 성단에 속해 있다. 이 별은 망원경 없이 육안으로도 잘 보이기에, 포이어바흐 때에는 아주 유용했다. 당시 두 천문학자는 망원경 같은 광학기기를 사용할 수 없었기 때문이다. 망원경은 그로부터 150년 뒤에나 발명될 것이었다.

혁명은 멈추지 않는다

이렇게 육안으로만 관측을 했는데도 포이어바흐는 기존의 도표가 그리 정확하지 않음을 확인했다. 그러고는 이를 수정하기 시작했으며, 도표를 개선하기 위한 수학적인 방법들을 개발하고, 별들의 위치를 더 정확히 규정할 수 있는 기구들을 제작했다. 하지만 1461년 그가 학문적 과업을 완수하지 못한 채 때 이른 죽음을 맞이하는 바람에 제자 레기오몬타누스가 스승의 작업을 이어받았다. 레기오몬타누스는 독일 출신으로 본명은 요한 뮐러였다. 레기오몬타누스라는 이름은 고향인 바이에른의 쾨니히스베르크를 라틴어로 번역한 것이다. 레기오몬타누스는 스승의 뒤를 이어 더 정확한 계산을 해냈고, 더 나은 수학적인 기술을 개발했다. 하지만 레기오몬타누스 역시 1476년 40세라는 아까운 나이에 세상을 떠나고 말았다.

한편 1473년 훨씬 북쪽인 폴란드에서는 미코와이 코페르니크 Mikołaj Kopernik 라는 이름의 사내아이가 태어났다. 물론 어릴 적에 그는 레기오몬타누스와 포이어바흐에 대해 알지 못했다. 하지만 나중에 천문학에 천착하게 되면서, 행성 운동에 대한 이 두 선배의 이론과 데이터를 토대로 연구하기 시작했다. 바로 그가 지구를 중심으로 하늘이 도는 것이 아니라, 태양을 중심으로 행성들이 그 주위를 돌고 있다고 주장한 니콜라우스 코페르니쿠스다.

그의 주장은 1543년 그가 사망하던 해에야 비로소 공개되었고, 갈릴레오 갈릴레이, 요하네스 케플러, 아이작 뉴턴이 지구중심적인 우주관은 현실에 부응하지 않는다는 것을 보여주기까지는 그로부터 50년 이상 걸렸다. 따라서 '코페르니쿠스적 전환'은 코페르니쿠스 때가 아니라, 그로부터 한참 후에 완성된 것이라 할 수 있다. 그리고 이것이 태동한 것은 코페르니쿠스가 태어나기 한참 전이었다.

HR0001
도리트 호플리트, 별을 세다

신학이 한계에 부딪히는 지점

"얼마나 많은 별이 있는지 알고 있나요?" 1837년 튀링겐 출신의 개신교 목사인 빌헬름 하이가 작사한 동요에서는 그렇게 묻는다. 이어 그 답변으로, 아니 어쨌든 답변 비슷한 것으로 "하느님이 별들을 세었답니다."라고 말한다. 그러나 하이는 그래서 창조주가 센 별의 개수가 몇 개인지는 밝히지 않았다.

신학이 한계에 부딪히는 곳에서 천문학이 팔을 걷어붙일 수 있다. 물론 천문학자들은 단지 하늘의 별을 세는 데 그치지 않고, 별들을 속속들이 이해하고자 한다. 그러려면 일단 항성의 위치나 밝기 같은 것을 표로 정리한 카탈로그가 필요하다. 많은 별의 특성들을 모아놓은 카탈로그를 작성해야 하는 것이다. 어떤 별의 질량이나 나이를 규정하려면, 그 별이 어디에 있고, 얼마나 밝게 빛나고, 빠르게 움직이는지를 알아야 한다. 카탈로그는 지루해 보인다. 그러나 우주에 대한 지식은 이를 바탕으로 한다.

2018년 4월 25일 이런 카탈로그는 엄청나게 방대해졌다. 우주망원경 가이아GAIA가 〈GAIA DR2 카탈로그〉를 공개했기 때문이다. 이 카탈로그에는 16억 9291만 9135개의 별의 정보가 담겨 있다. 그

전까지 가장 방대했던 항성 카탈로그 〈Tycho-2〉에 2500만 개 정도의 별만 수록되어 있었음을 감안하면 정말 어마어마하게 늘어난 것이다. 한편 우리은하에만도 수천억 개의 별이 있다는 걸 생각하면, 제아무리 방대한 가이아 카탈로그도 우리은하의 항성 중 기껏해야 1퍼센트 정도만을 포괄하고 있다는 걸 알 수 있다. 다른 은하의 별들까지 고려하면 그야말로 아주 미미한 수에 지나지 않는 정도다. 관측 가능한 우주에 이런 은하가 최대 수천억 개까지 존재하고, 그 은하들 각각에 수천억 개의 별이 있다고 하지 않는가. 으악!

따라서 우리는 하늘에서 10^{24}개의 별을 발견할 수 있다. 어쨌든 이론상으로 그렇다는 말이지 실제로는 그들 대부분을 볼 수가 없다. 우리의 망원경의 성능이 약하기 때문이다. 기껏해야 우리은하의 별들이나 더 잘 알아갈 수 있기를 바랄 따름인데, 우리은하의 별들을 다 세고 기록하는 것도 불가능해 보인다.

눈에 담을 수 있는 별의 수

대신에 우리가 망원경 없이 볼 수 있는 별들을 생각해보자. 우리의 시력은 별로 좋지 않지만, 맑은 날 밤에는 별이 빛나는 멋진 밤하늘을 볼 수 있다. 물론 인공조명이 현란한 대도시에서는 이마저도 보이지 않지만 말이다. 이런 대도시들에서는 '주 하느님'도 별 세는 걸 포기하고 말 것이다. 이런 도시에서 볼 수 있는 별이라곤 30~40개 정도에 불과하니까.

최적의 조건에서 육안으로 얼마나 많은 별을 볼 수 있는지는 〈예일 밝은 별 카탈로그Yale Catalogue of Bright Stars〉를 보면 알 수 있다. 이 것은 1956년 미국의 천문학자 도리트 호플리트가 작성한 것으로, 육안으로 볼 수 있는 모든 별을 목록화한 것이다. 이 카탈로그는 HR0001부터 시작하여 9095개의 별에 대한 중요 데이터들을 담고 있다. HR0001은 지구에서 약 530광년 떨어져 있어 아주 약한 빛을 발하는 별로, 시력이 아주 좋아야만 육안으로 볼 수 있다.

따라서 "얼마나 많은 별이 있는지 알고 있나요?"라는 질문에 대해 이렇게 답할 수 있을 것이다. "아니요. 아무도 그걸 모른답니다. 어쨌든 무지막지하게 많은 별이 있어요. 하지만 육안으로는 기껏해야 9095개 정도밖에 보이지 않죠. 그리고 이 수는 하느님이 아니라 예일 대학교의 호플리트가 세었답니다."

견우성
소 치는 총각과 베 짜는 처녀

같은 얼굴 다른 이름

독수리자리의 알파성(어느 별자리에서 가장 밝은 별을 알파성, 또는 알파별이라 한다.-옮긴이)인 견우성은 눈에 확 들어온다. 지구에서 16광년밖에 떨어져 있지 않은 데다 밝기가 우리 태양의 11배 정도나 되어, 밤하늘에서 볼 수 있는 별들 중 열두 번째로 밝은 별이다. 공식 명칭은 '알타이르Altair'로 다른 많은 별의 이름처럼 아랍어에서 유래했다.

8~9세기에 아랍의 천문학자들은 고대 그리스의 지식을 받아들여 확장하고, 고대 그리스의 저작들을 아랍어로 번역했다. 이런 아랍 서적은 다시 중세 유럽에 와서 유럽어로 번역되었는데, 그 과정에서 유럽의 학자들은 아랍어로 된 별 이름을 받아들였다. 알타이르는 아랍어 al-nesr al-ta'ir(날아다니는 독수리)에서 온 말이다.

알타이르뿐 아니라, 헤르쿨레스자리 알파성 라스 알게티Ras Algethi, 페르세우스자리의 베타성 알골Algol, 전갈자리의 델타성 드슈바Dschubba, 남쪽물고기자리의 알파성 포말하우트Formalhaut, 큰곰자리의 이중성 미자르Mizar, 천칭자리의 알파성 주벤엘게누비Zubenelgenubi 등 밝은 별들은 대개 아랍어에서 유래한 이름을 달고 있다. 북극성 폴라리스Polaris, 사자자리 알파성 레굴루스Regulus, 마차부자리 알파성 카펠라Capella 처럼 라틴어 이름으로 불리는 별들도 있다. 그러나 하늘 관측은 고대 그리스-로마 문화를 받아들인 아랍 문명을 토대로 전개된 서구 문화권뿐 아니라, 시대를 막론하고 온 지구에서 이루어졌음을 잊지 말아야 한다.

민족마다 그들의 언어로 된 별 이름과 별 이야기가 있다. 한국과 일본에서는 알타이르를 견우성(일본어 발음은 '히코보시')이라 부르며, 이 별에 얽힌 설화를 토대로 칠석(음력 7월 7일)에 전통 행사를 한다. 소 치는 목동인 견우와 베 짜는 아가씨 직녀를 기리는 축제다. 견우와 직녀 이야기는 2600년 전에 탄생한 중국 설화로 거슬러 올라간다.

별이 간직한 이야기

천제의 딸인 직녀는 베를 짜서 신들의 옷감을 만드는 데 열심이었는데, 천제는 이렇듯 일밖에 모르는 딸을, 소를 키우며 열심히 사는 견우와 맺어주었다. 그러자 젊은이들이 그렇듯이 견우와 직녀는 서로에게 푹 빠져서 일을 나몰라라 하게 되었다. 견우가 키우던 소들은 방치된 상태로 주변을 마구 돌아다녔고, 하늘의 신들은 직녀가 만들어줄 옷감을 하염없이 기다렸다. 천제는 보다 못해 이 둘을 갈라놓았고, 견우와 직녀는 커다란 하늘의 강인 은하수 양 끝으로 추방되어 각자 맡은 일을 해야 하는 운명이 되었다. 하지만 견우와 직녀가 너무나 슬퍼했으므로 천제는 이들이 1년에 한 번 만날 수 있게 해주었는데, 이날이 바로 칠석날이다.

하지만 드디어 7월 7일이 되어 두 사람이 만나려고 하는데, 다리가 없어서 서로에게 갈 수가 없는 것이었다. 직녀는 엉엉 울기 시작했고, 그 소리를 들은 까치와 까마귀들이 그녀를 불쌍히 여겨 날개를 펴서 은하수에 다리를 놓아주었다. 그러고는 칠석날에 비가 너무 많이 와서 은하수가 물에 잠기지 않는 이상, 앞으로도 그렇게 다리를 놓아주겠노라고 견우와 직녀에게 약속했다. 이 다리를 오작교라 부른다.

비극적인 사랑의 이야기와 그 해피엔드를 지금도 하늘에서 관찰할 수 있다. 이미 말했듯이 알타이르가 바로 견우성이고 거문고자리의 가장 밝은 별인 베가가 바로 직녀성이다. 전설에서처럼 이 두 별 사이에는 은하수가 놓여 있다. 자세히 보면 오작교 비스름한 것도 볼 수 있다. 베가와 알타이르 사이 은하수의 부분 부분이 거대한 성간구름으로 뒤덮여 있어, 은하수 위에 검은 띠가 드리워진 것처럼 보이기 때문이다.

직녀성과 견우성은 여름에 특히나 눈에 잘 들어온다. 일본에서는 이때 칠석 축제(다나바타 마쓰리)가 성대하게 열리고, 사람들은 견우와 직녀를 기리며, 소원을 적은 쪽지를 대나무에 걸어놓는다.

별들은 이렇듯 별이 무엇인지 잘 알지 못했던 시대에도 인류를 매혹해서 이야기를 지어내게 했다. 하늘은 그런 이야기들로 가득하며 우리는 그 이야기들을 기억할 필요가 있다. 별이 우주에 대해 말해주는 바가 있듯, 별과 관련된 인간들의 이야기는 인간들 스스로에게 말해주는 바가 있기 때문이다.

베가
과소평가된 먼지

소중한 우주의 잡동사니

'먼지'의 이미지는 좀 개선되어야 한다! 세탁기, 먼지떨이, 진공청소기 등 지구에서 우리는 우리의 의복과 집안, 자동차에서 먼지를 없애기 위한 기술들을 개발했다. 반면 천문학자들은 먼지를 좋아한다. 우주에 있는 먼지라면 말이다. 그리하여 이들의 기구 또한 우주의 먼지를 없애려 하지 않는다.

1984년 천문학자 하르트무트 아우만Hartmut Aumann 과 동료들은 우주 먼지가 독특한 정보의 원천이 된다고 하는 걸 인상적으로 보여주었다. 이들은 적외선을 관측하는 천문 위성 아이라스IRAS 를 활용해서 거문고자리의 알파성인 베가(직녀성)를 연구하려는 중이었다. 베가는 우리의 밤하늘에서 다섯 번째로 밝게 빛나는 별로서 수천 년 전부터 천문학적 관심의 대상이었고, 새로운 망원경인 아이라스로 관측해야 할 별의 목록에도 포함되어 있었다.

광 스펙트럼상 무지개의 붉은 부분보다 더 바깥쪽에 존재하여 우리 눈에 보이지 않는 적외선은 지구의 대기를 잘 투과하지 못하고, 대기에 있는 수분에 의해 차단된다. 그리하여 적외선을 관측하기 위해서는 아무것도 시야를 방해하지 않는 우주로 나가야 한다. 아이라스는 하늘을 적외선의 눈으로 관찰하기 위한 최초의 대형 우주 망원경이었다.

별들은 가시광선을 방출할 뿐 아니라, 모든 색깔로 빛을 낸다. 우리 눈에 보이지 않는 색깔로도 말이다. 혜성과 소행성 같은 천체들도 별빛을 받아 데워져서 적외선 형태로 열을 방출한다. 먼지도 마찬가지다. 먼지란 우주 곳곳에, 행성 사이와 항성 사이, 은하 사이에 존재하는 우주의 '잡동사니'들로서, 이것들로부터 새로운 별과 천체가 탄생할 수 있다.

먼지가 암시하는 것

아이라스의 첫 관측 데이터가 지구에 도착했을 때 학자들은 약간 혼란스러웠다. 적외선 망원경으로 보니 몇몇 별들이 원래 기대했던 것보다 더 밝게 빛나는 것이었다. 별이 방출하는 빛의 색깔과 에너지의 양은 정해진 법칙을 따른다. 그리하여 별의 질량, 온도를 안다면 별이 빨간빛, 파란빛, 초록빛, 또는 적외선을 얼마나 많이 방출하는지 정확히 계산하고 예측할 수 있다. 그런데 적외선 망원경으로 관측한 결과 몇몇 별의 데이터가 예측했던 것과 달랐던 것이다. 베가도 그중 하나였다.

이런 별들의 경우는 '적외선 초과'라는 특이한 현상이 나타났다. 즉 '적외선을 너무 많이' 내뿜는 것으로 나타난 것이다. 아우만과 동료들은 그 원인을 빠르게 규명할 수 있었다. 그것은 먼지 때문이었다. 물론 미세한 먼지 입자들을 직접 눈으로 볼 수는 없다. 하지만 먼지들이 별 주변에 있다면, 먼지들은 별의 방출하는 에너지로 말미암 아 데워져, 이런 열기를 적외선 형태로 다시 방출하게 된다. 그러면 먼지를 두른 별은 적외선 영역대에서 원래보다 더 밝게 빛나는 것처 럼 보이게 된다.

베가는 커다란 먼지 원반에 둘려 있었다! 그런데 먼지는 대체 어 디서 발생하는 걸까? 먼지가 존재하려면 먼지를 만들어내는 원천이 있어야 한다. 우리의 집에서는 먼지가 마치 '무'에서 비롯되는 것 같 더라도 말이다. 베가가 먼지에 둘러싸여 있다면, 수상쩍은 원천에서 끊임없이 먼지가 발생하고 있는 것이 틀림없다. 그렇지 않다면 발생 한 먼지는 상대적으로 이른 시간에 우주 어딘가로 사라져버릴 것이 기 때문이다(먼지에 도착하는 빛의 힘만으로도 먼지를 밀어버리기에 충분하다).

먼지가 있는 곳에는 먼지를 만들어내는 천체가 있음이 틀림없다. 가령 충돌하는 소행성들 같은 것 말이다. 따라서 베가를 둘러싼 먼지 외에 가까운 곳에 뭔가가 더 있을 것이었다. 실제로 베가는 소행성대 에 둘려 있었다. 이것은 45억 년 전 우리 태양계에서 소행성에 이어 행성이 탄생했을 때 일어났던 것과 같은 일이 이 자리에서도 벌어졌 다는 표시다.

1984년 이전에는 다른 별들 주변에서도 행성이 만들어질 수 있다 는 걸 누구도 확신하지 못했다. 그러나 베가의 먼지를 관측함으로써 비로소 우리 태양계에서 벌어졌던 일이 우주의 다른 곳에서도 벌어 지고 있으며, 다른 별의 행성을 찾는 일이 부질없지 않다는 걸 알게 된 것이다.

시리우스 B
태양의 미래

태양의 수소가 바닥난다면

50억~60억 년 뒤 우리 태양의 수명이 다하면 지금의 시리우스 B처럼 백색왜성이 될 것이다. 백색왜성은 별 생애의 마지막 단계로, 시리우스 B는 1862년 인류가 최초로 관측한 백색왜성이다. 물론 백색왜성이 무엇인지는 나중에야 비로소 밝혀졌지만 말이다.

별은 내부에서 에너지를 생산할 수 있을 동안에만 별이다. 별 내부의 높은 온도로 인해 원자들이 빠르게 운동하다가 서로 충돌해서 융합할 수 있어야 하는 것이다. 이런 핵융합 과정에서 에너지가 생성되어 복사 형태로 밖으로 방출되고, 이 압력이 중력을 거슬러서 별이 자신의 무게로 인해 붕괴하지 않고 균형을 유지하게 한다. 그리하여 핵융합이 없으면 별은 불안정해진다.

태양의 중심부에서는 수소가 헬륨으로 융합되고 있다. 이 일은 45억 년째 계속되고 있으며, 태양은 아직도 이 일을 50억~60억 년은 지속시킬 수 있을 정도로 수소를 충분히 가지고 있다. 그러나 어느 순간 헬륨이 문제가 될 것이다. 헬륨은 그저 태양의 핵에 남을 뿐 융합될 수가 없기 때문이다. 헬륨은 수소보다 무거워서 융합되려면 더 높은 온도가 필요한데, 태양은 헬륨을 융합시킬 정도로 뜨겁지 않다. 그리하여 헬륨이 많이 만들어질수록 중심부에 수소가 있을 자리는 줄게 될 것이다. 그런데 핵융합이 일어날 만큼의 고온이 지배하는 건 중심부뿐이므로, 중심부의 수소량이 줄어들면 밖으로 방출되는 복사선이 적어지고 복사압이 감소하면 이제 중력이 우세해질 수밖에 없다.

그러면 이제 무슨 일이 일어날까? 약간 복잡하다. 중력이 우세해지면 태양은 더 수축해서 밀도가 높아진다. 그러면 별의 중심부는 전보다 더 뜨거워지고, 별 전체 온도가 올라가면서 바깥층에 있던 수소가 점점 더 많이 핵융합에 참여하게 되는데, 이런 방식으로 온도가 계속 올라가다 보면 드디어 중심부에서 헬륨 핵융합이 일어날 수 있다.

그러면 새로이 뜨겁게 달아오른 태양은 더욱 강한 복사에너지를 내뿜게 되고, 이제 수축하는 대신 강한 복사선으로 말미암아 점차 부풀어 오른다. 바깥층은 넓은 영역으로 확산되면서 밀도가 낮아지고, 태양의 핵은 계속하여 수축한다. 핵에는 원래 수소보다 헬륨이 훨씬 적었으므로 헬륨을 연료로 핵융합이 진행되는 기간은 그리 길지 않다. 몇억 년이면 헬륨 핵융합이 끝나고 핵은 꺼진다. 훨씬 더 바깥쪽에서 수소가 약간 더 융합될 수 있지만, 어느 순간 그마저 마무리된다. 이 정도에 이르면 태양의 바깥층은 이미 오래전에 우주로 날아가버린 상태다. 별들 사이로 증발해버린 것이다. 반면 중심부는 더욱더 강하게 붕괴한다. 그리하여 마지막에는 지구 크기만 한 천체가 남고, 그 안에서 핵융합 같은 것은 더 이상 일어나지 않는다. 이것이 바로 백색왜성이자 태양의 미래다.

백색왜성의 동반성을 발견하다

백색왜성은 여전히 굉장히 뜨겁다. 그리고 물질이 어마어마하게 농축되어 있어, 백색왜성의 물질 1티스푼의 무게가 자동차 몇 대의 무게와 맞먹을 정도다. 백색왜성은 다른 별과 비교하면 아주 작지만 질량은 여전히 커서, 강한 중력으로 주변에 영향력을 행사한다.

시리우스 B를 발견한 것도 이런 영향으로 말미암은 것이었다. '시리우스'는 밤하늘에서 가장 밝게 빛나는 별이다. 그런데 1844년 시리우스의 약간 이상한 행동이 포착됐다. 어느 별이 시리우스를 돌며 시리우스에게 영향을 미치기라도 하는 것처럼 시리우스가 약간의 동요를 보인 것이다. 그런데 당시에는 그 근처에서 시리우스에게 영향을 미칠 만한 별을 찾을 수 없었다.

그러다가 1862년에 비로소 망원경 제작자 앨번 클라크의 아들인 앨번 그레이엄 클라크Alvan Graham Clark가 새로 제작한 망원경을 시험해보던 중 시리우스 근처에 있는 두 번째 별을 발견했다. 이 별은 '시리우스 B'라는 이름을 부여받았다(이 쌍성의 주성主星이자 기존에 시리우스라고 불리던 별은 공식적으로 '시리우스 A'라 불리게 되었다). 이런 첫 발견 뒤에 여러 사람이 시리우스 B를 관측하는 데 성공했다. 지구를 중심으로 65광년 거리 내에서 우리는 이미 100개가 넘는 백색왜성을 발견했으며, 그보다 더 멀리 떨어진 곳에 있는 백색왜성들도 많이 발견했다. 그러므로 먼 미래에 태양이 일생을 마칠 때 우주에는 태양의 다른 백색왜성 친구들이 지금보다 훨씬 더 많을 것이다.

TXS 0506+056
남극의 아이스 큐브

느낄 수 없는 것을 포착하기 위해

세상에서 가장 이상한 관측 기기는 남극에 있다. 더 정확히 말하면, 남극 표면에서 1킬로미터 이상 아래로 들어간 극지방 얼음 속에 있다. 이 기기는 그곳에서 특정 종류의 빛을 찾고 있다. 즉 중성미자를 검출하고자 남극의 얼음까지 동원하는 수고를 아끼지 않는 것이다.

중성미자는 기본 입자다. 질량도 거의 없고, 다른 물질과도 거의 상호작용을 하지 않는다. 1초에 체표면적 1제곱센티미터당 1억 개의 중성미자가 관통하는데, 우리는 그것을 전혀 느끼지 못한다. 전 지구는 끊임없는 중성미자들의 흐름에 노출되어 있지만, 이런 흐름으로 인해 전혀 영향을 받지 않는 것이다. 중성미자의 입장에서 보면 지구는 아무렇게나 뚫고 들어갈 수 있을 뿐 아니라, 거의 존재하지 않는 거나 마찬가지다.

중성미자들은 원자핵 반응에서 생겨난다. 특히 별 내부에서 이루어지는 핵융합에서 다량 생겨난다. 태양도 빛을 만들어 우주로 방출할 뿐 아니라, 끊임없이 중성미자의 흐름을 생산한다. 이러한 중성미자를 검출하기 위해서는 특별한 노력이 필요하다.

지구에 떨어지는 무수한 중성미자 중 한둘이 아주 드물게 일반적인 물질과 반응을 한다. 이런 충돌에서 다른 입자들이 생겨나며, 이런 입자들은 아주 짧은 시간 동안 밝은 빛 형태로 에너지를 방출한다. 그리하여 이런 과정을 관측하기 위해서는 몇 가지 조건이 맞아떨어져야 한다. 우선 중성미자와 충돌할 가능성을 높이기 위해 아주 많은 물질이 있어야 한다. 그리고 특별한 검출기, 즉 다수의 고감도 광학 센서들이 섬광을 감지할 수 있어야 한다.

남극에 있는 관측 기기는 바로 이런 중성미자 검출기이며, 이 기기를 깊은 얼음 속에 묻어놓은 것은 그 깊은 곳에 있는 얼음은 윗부분 얼음의 압력으로 인해 기포도 없이 깨끗하고 밀도가 높기 때문이다. 또한 남극의 얼음은 굉장히 맑고 투명하여 광학 센서들이 섬광을 감지하기가 유리하다. 1세제곱킬로미터의 부피에 5160개의 센서 모듈이 설치되어 있다. 거대한 지하 얼음 조각을 중성미자 검출기로 만들었다고 하여 이 연구 프로젝트를 '아이스 큐브'라고 부른다.

센서의 데이터는 케이블을 통해 표면으로 전달되어 평가된다. 중성미자가 얼음 분자와 충돌하면서 방출하는 섬광의 강도로부터 중성미자가 얼마만큼의 에너지를 가지고 있는지를 계산할 수 있는데 에너지가 클수록 중성미자 방출의 원인이 되는 사건도 더 엄청난 것이었다고 봐야 할 것이다. 아이스 큐브로 중성미자가 유래한 방향도 알 수 있는데 검출되는 대부분의 중성미자는 태양에서 온 것이다. 태양이 우리 주변에서 중성미자를 방출하는 주된 원천이기 때문이다. 사실 태양에서 생성된 중성미자는 아이스 큐브 검출기가 있기 이전에도 검출할 수 있었다. 이를 통해 태양의 내부에서 어떤 특별한 핵반응이 일어나는지, 태양이 어떤 방식으로 에너지를 만들어내는지를 이해할 수 있었다.

그러나 천문학자들은 태양 이외의 천체들에서 나온 중성미자도 관측하고자 했고, 이 소망은 1987년 지구로부터 17만 광년 떨어진 곳에서 초신성Supernova 폭발이 있었을 때 이루어졌다. 당시 총 25개의 중성미자를 검출할 수 있었다. 25개라니, 별로 많지 않은 수처럼 들리겠지만, 중성미자 천문학에서는 가히 입자 폭풍이라 부를 만한 사건이었다.

은하의 중심에서 날아온 아주 작은 손님

한편 이렇듯 스쳐 가는 중성미자를 검출해서, 개인적인 이름까지 붙여주는 일은 드물다. 하지만 2013년 아이스 큐브가 검출한 두 개의 고에너지의 중성미자는 태양이 아니라, 먼 우주 어딘가에서 유래한 것이 틀림없어 보였고, 학자들은 이들에게 '어니'와 '버트'(미국의 어린이 TV프로그램 〈세서미 스트리트〉에 나오는 개그 콤비-옮긴이)라는 이름을 붙여주었다. 그러나 그 중성미자들이 어느 천체에서 왔는지는 밝혀내지 못했다.

2017년 9월 22일 또 하나의 고에너지 중성미자가 검출되자, 학자들은 이 중성미자에게 〈세서미 스트리트〉의 캐릭터 이름이 아닌 'IceCube-170922A'라는 이름을 붙여주고는, 곧장 전 세계의 망원경을 동원해 그 궤적을 역추적했다. 그랬더니 중성미자가 날아온 방향에 TXS 0506+056이 있었다. 이것은 '블레이자Blazar'였다. 매우 밝고, 활동이 활발한 활동은하핵을 블레이자라고 한다. 은하의 중심부에 위치한 거대 블랙홀에 주변 물질들이 흡수되면서 많은 에너지를 방출하는데, 이것으로 블레이자가 형성된다. 이때 중성미자도 만들어지는데, 아이스 큐브가 관측한 중성미자도 그중 하나인 것으로 보였다.

중성미자가 나머지 물질과 거의 상호작용을 하지 않기에, 검출되는 중성미자들은 정말 소중한 존재들이다. 중성미자는 모든 별, 다른 은하들의 중심부, 블랙홀 주변에서 생겨나는데 빛과 달리 굴절도 하지 않고 아무것에도 영향을 받지 않아 자신의 출신 정보를 그대로 지니고 오기 때문이다.

남극의 지하에 있는 아이스 큐브는 현존하는 최상의 중성미자 관측 기기이며, 하늘을 새로운 방식으로 관찰할 수 있게 해주는 최초의 기기다. 그러나 중성미자를 통해 우주를 보려고 한다면 더 커다란 검출기가 필요할 듯하다.

π1Gruis
부글부글 끓어오르는 거성

우리의 별은 끓고 있다

지구에서 530광년 떨어진 곳, 두루미자리에 거성이 존재한다. 이 거성이 우리의 태양계에 존재한다면, 오래전에 지구를 집어삼켰을 것이다. 이 별은 생애의 거의 마지막에 도달한 적색거성으로, 천문학자들이 최초로 관측한 적색거성이다.

우리가 정말로 자세히 관측할 수 있는 유일한 별은 우리의 태양이다. 태양은 우리 눈에 단순한 원반으로 보이지만, 망원경으로 좀 더 자세히 보면, 태양의 형편이 눈에 들어온다. 바로 부글부글 끓어오르는 어마어마하게 큰 가스 공이라는 사실 말이다. 태양 표면에서는 냄비 속의 물이 끓을 때와 같은 일이 일어나고 있다.

여기서 '화로'는 태양의 중심부, 즉 핵이다. 이곳에서 수소가 헬륨이 되는 핵융합이 일어나고, 태양에너지가 만들어진다. 이 에너지는 고에너지 광입자의 형태로 확산되는데, 이런 확산이 일어나는 '복사층'은 두께가 약 50만 킬로미터다. 핵으로부터 이 정도 거리를 두면 온도는 약 1500만 도에서 150만 도 정도로 떨어진다. 이곳으로부터 태양 표면에 이르는 나머지 약 20만 킬로미터 층에서는 에너지가 열을 통해 전달된다. 이런 복사 에너지로 말미암아 태양 내부의 가스가 데워지면 가스는 위쪽으로 움직이기 시작한다. 점점 식어가며 태양 표면에 도달한 가스는 약 5500도밖에 되지 않는다. 이렇게 식은 가스는 다시 아래로 내려가고, 내부에서 다시 데워져서 표면으로 올라오는 과정을 반복한다.

이런 순환을 '대류'라 한다. 냄비에 물을 가열할 때도 바로 이런 일이 일어난다. 각각의 대류 세포convection cell, 즉 태양 안에서 물질이 상승하는 영역의 지름은 약 1000킬로미터 정도이며, '쌀알 무늬' 혹은 '입상반Granule'이라고 불린다. 태양 표면을 고속 촬영기로 촬영해 저속 화면으로 보면 정말 들끓는 것을 볼 수 있다.

쌀알 무늬가 보이는 적색거성

태양의 경우는 이런 모습을 쉽게 볼 수 있지만, 다른 별들의 경우는 거의 불가능하다. 다른 별들은 너무 멀리 있어서 커다란 망원경으로 봐도 그냥 빛의 점으로밖에 안 보이기 때문이다. 표면 구조나 표면에서 일어나는 대류 현상 같은 것은 볼 수가 없다. 그럼에도 2018년 π1Gruis의 경우는 가능했다. 이 별은 어마어마하게 클 뿐 아니라 태양보다 약 1000배나 밝게 빛난다. 천문학자들은 칠레에 있는 유럽 남방 천문대에 망원경 네 대의 데이터를 통합하는 초대형 망원경을 만들었고, 브뤼셀 대학교의 클라우디아 팔라디니 팀은 이를 이용하여 π1Gruis 표면의 대류 세포까지 분간할 수 있었다.

큰 별이라 대류 세포 혹은 쌀알 무늬마저도 컸다. 쌀알 무늬의 지름은 최대 1억 2000만 킬로미터에 달했다. 이것은 거의 태양과 지구간 거리에 맞먹는 길이다. 쌀알 무늬가 이렇게 큰 것은 π1Gruis의 밀도가 낮기 때문이다. 이 별은 질량은 태양의 1.5배 정도인 반면, 크기는 태양보다 훨씬 크다. 즉 밀도가 낮다는 말이다. 그래서 표면에 미치는 중력이 태양보다 훨씬 작아, 쌀알 무늬가 그에 맞춰 늘어나게 되는 것이다.

이런 현상은 천문학자들이 이론적으로 예측해 오던 바인데, π1Gruis에서 처음으로 구체적으로 관측할 수 있었다. 행운이었다. 적색거성 단계는 별의 일생에서 약 1만 년에서 10만 년 정도의, 불과 얼마 안 되는 기간이기 때문이다. π1Gruis는 이미 대기의 상당 부분을 우주에 내어준 상태였다. 이제 2만~3만 년만 있으면 모든 것은 사라질 것이고, 죽은 별의 잔재만이 남게 될 것이다. 우리는 적절한 시간에 그 별을 포착함으로써 그 별의 내부가 들끓는 것을 볼 수 있었다.

카시오페이아자리 B
도그마의 종말

새로운 별의 등장

카시오페이아자리 B 혹은 SN1572(정식 명칭)라는 별은 더 이상 존재하지 않는다. 그리고 그것이 아직 있었을 때는 아무도 그 존재를 알지 못했다. 우리가 그것을 본 것은 비로소 그가 사라졌을 때였다. 그가 사라지면서 옛 도그마도 함께 휩쓸려 갔다.

카시오페이아자리 B를 그냥 '별(항성)'이라고 부르는 건 틀리다. 그러나 1572년 11월 11일 밤하늘을 올려다보던 덴마크 천문학자 튀코 브라헤Tycho Brahe가 카시오페이아자리에서 전에는 보지 못한 밝게 빛나는 천체를 관측했을 때 그는 아직 이 사실을 알지 못했다. 그 천체는 카시오페이아자리에 있었고 금성만큼 밝아서 도저히 간과할 수 없었다. 그것은 '새로운 별'이었다. 브라헤는《신성De Stella Nova》이라는 책에서 이 별에 대해 기술했고 이 책으로 말미암아 유명인이 되었다. 이 책에서 브라헤는 밝게 빛나는 그 천체가 많은 동시대인이 생각하듯 지구 대기 속의 미스터리한 발광현상이 아니며, 다른 별들이 있는 곳에 존재한다는 걸 증명했다.

그도 그럴 것이 그 빛이 지구의 대기에 있는 것이라면, 지구가 하루 한 번 자전할 때 지구와 함께 움직여야 할 것이었다. 그러니까 당시의 시각으로 말하자면, 하루에 한 번 우주가 지구를 중심으로 돌 때, 이 빛은 지구와 함께 정지해 있어야 한다는 말이다. 그러나 그렇지 않았다. 이 빛은 별들과 함께 움직였다. 브라헤는 이 사실에 근거하여 그것이 새로운 별이 틀림없다고 확신했다.

죽어가는 별이 우리에게 남인 것

브라헤는 이 '신성'을 본 최초의 사람도, 유일한 사람도 아니었다. 그러나 당시 브라헤처럼 그 신성에 관심을 가지고 자세히 연구한 사람은 없었다. 정확한 관측으로 브라헤는 수천 년간 지속된 도그마를 깨뜨렸다. 바로 밤하늘은 영원히 불변한다는 도그마였다. 고대 그리스의 학자 아리스토텔레스가 하늘은 완벽하며 영원히 불변한다고 설파한 이래 모두 변화는 지구에서만 일어나는 것이라 여기고 있었다. 나중에 교회도 이런 생각에 영합하여, 브라헤가 하늘에서도 모든 것이 영원히 불변하는 게 아님을 보여주기 전까지 그 의견을 고수했다.

물론 그 별을 '신성'이라 명명한 것은 브라헤의 착각에서 비롯되었다. 오늘날 우리는 그런 현상은 나이 든 별에서만 일어날 수 있고, 그렇게 밝게 타오르는 것은 별이 죽기 전의 마지막 인사일 뿐이라는 걸 알기 때문이다. 당시 브라헤가 관측한 것은 오늘날 우리가 'Ia형 초신성'이라 부르는 별이다. 이런 초신성이 되려면 백색왜성의 단계가 필요하다. 즉 내부에서 이미 핵융합이 중단되었어야 한다는 말이다. 백색왜성은 핵융합에 연료를 모두 써버리고 대기의 상층부가 이미 방출된 별로, 그냥 그렇게 식어갈 수밖에 없는 운명이다. 하지만 이런 백색왜성이 쌍성을 이룰 때, 게다가 그 두 별이 아주 가까이 있는 경우라면 얘기가 달라진다. 이때 두 천체 사이에 작용하는 중력으로 말미암아 상대 별의 물질이 백색왜성으로 옮겨 올 수 있다.

이를 통해 백색왜성에서 핵융합이 다시 시작되면 백색왜성이 다시금 빛을 내기 시작한다. 그러나 이미 죽은 이 별은 정상적인 별처럼 온도를 조절할 능력이 없기 때문에, 짧은 시간에 무지막지하게 뜨거워지다가(핵융합 반응이 별 전체로 확산되어) 결국에는 폭발하게 된다. 이런 사건을 '초신성Supernova' 혹은 브라헤가 주장한 '신성'이라는 현상으로 관찰할 수 있는 것이다. 초신성은 몇 주 또는 몇 달에 걸쳐 빛을 발하고는 꺼져버린다. 하지만 카시오페이아자리 B는 흔적을 남겼다. 우주에 대한 인류의 시각을 영원히 바꾸어놓았으니 말이다.

아크룩스
별의 이름

별을 명명하는 방법

아크룩스Acrux, 베크룩스Becrux, 가크룩스Gacrux, 데크룩스Decrux. 뭔가 말장난처럼 보이는 이 단어들은 진지한 천문학 용어들이다. 아크룩스 일당은 바로 유명한 별자리인 남십자자리(남십자성) 별들의 공식 명칭이다.

이름이 암시하듯 남십자자리는 남반구의 하늘에서 특히나 잘 보이는 별자리다. 작긴 하지만 상당히 뚜렷하고 밝아서, 오늘날 브라질, 오스트레일리아, 뉴질랜드, 파푸아뉴기니, 사모아의 국기에 남십자성이 그려져 있다.

남십자자리를 이루는 별들에 아크룩스, 베크룩스 등 이상한 이름이 붙은 까닭은 바로 서구인들이 그렇게 마구잡이로 별 이름을 붙였기 때문이다. 지난 몇백 년간 유럽과 북아메리카에서 남반구로 '발견 여행'을 떠난 사람들이 '새롭게 발견'한 것은 사실 별로 없었다. 남반구의 기존 주민들이 이미 주변의 것들에 이름을 붙이고, 자신들의 역사와 이야기 속에 통합시킨 지 오래였기 때문이다. 그러나 유럽인들은 남반구인들이 붙인 전통적인 이름을 무시하고 땅, 산, 강, 동물, 식물 등에 새로운 이름을 붙이는 데 주저함이 없었다.

별의 체계적인 명칭과 관련하여 천문학자들은 오랫동안, 이른바 '바이어 명명법'을 선호해왔다. 이 명명법은 독일의 천문학자 요한 바이어Johann Bayer가 1603년 출판한 별자리 지도책《우라노메트리아》에서 활용한 것으로, 요한 바이어는 이 책에서 우선 별들을 별자리별로 구분하고, 밝기에 따라 정리했다. 그러고는 별자리의 라틴어 명칭과 그리스어 철자로 별을 호칭했다. 한 별자리의 가장 밝은 별에는 그 별자리의 이름에 '알파'를 붙이고, 두 번째로 밝은 별에는 해당 별자리의 이름에 '베타'를 붙이는 식이다.

그리하여 켄타우루스자리에서 가장 밝은 별은 '알파 켄타우리Alpha Centauri'가 되고, 케페우스자리에서 세 번째로 밝은 별은 '감마 시퍼이Gamma Cephei'가 되었다. 이런 시스템에 따르면 남십자자리는 '알파 크루시스Alpha Crucis', '베타 크루시스Beta Crucis', '감마 크루시스Gamma Crucis', '델타 크루시스Delta Crucis'로 구성되는데 이를 줄여서 아크룩스, 베크룩스, 가크룩스, 데크룩스로 불렀으며, 이런 이름들이 어느 순간 굳어져 공식적인 명칭으로 받아들여졌다.

그래도 전통을 지키기 위해

한번 공식 명칭이 되면 계속 공식적으로 남는다. 이런 명칭이 창조성과는 거리가 멀 뿐 아니라, 유럽인이 남반구로 항해하기 훨씬 전부터 오랜 세월 별들을 관찰하고 이름을 붙여준 원주민의 전통을 깡그리 무시하는 행위임에도 말이다.

어쨌든 국제천문연맹은 2018년에 이런 상황을 인지하고 조금이라도 바로잡고자 노력했다. 그리하여 바이어 명명법에 따르면 '엡실론 크루시스Epsilon Crucis'가 되고, 줄여서 '엡크룩스'라고 불릴 뻔한 남십자자리 5등성은 이런 마뜩찮은 이름으로 불리지 않아도 되게 되었다. 이 별에는 그때까지 통용되던 공식 명칭이 없었기에, 전통적인 이름인 '기난Ginan'이라 부르기로 한 것이다.

호주 북쪽의 와다만족의 이야기에서 '기난'이란 세상의 탄생에 대한 이야기, 노래, 신화 등을 가득 담고 있는 전통적인 자루를 말한다. 이제 하늘에서도 기난을 공식적으로 찾아볼 수 있게 되었다. 오스트레일리아 국기에도 재미없는 이름을 단 남십자자리의 1, 2, 3, 4등성 외에 기난이 그려져 있다.

프라이슈테터의 별
별 이름을 돈 주고 산다고?

존재하지 않는 것을 팔아먹는 회사들

'프라이슈테터의 별'은 없다. 하늘의 모든 별 중 '프라이슈테터'라는 이름을 단 별은 현재 없으며, 앞으로도 없을 것이다. 나 개인적으로는 별로 아쉽게 생각하지 않는다. 나는 내 이름을 하늘에 남기는 것에는 딱히 관심이 없기 때문이다. 게다가 별에 내 이름을 다는 것은 인터넷에서 많은 회사들이 홍보하는 것처럼 그리 쉬운 일이 아니다.

인터넷에서 몇몇 회사들은 고객들이 약간의 돈을 지불하면 적절한 별을 선택하게 하여 원하는 이름으로 별 이름을 지어주고, 목록에 등재시킨 뒤 증서를 보내준다. 그리하여 고객은 자신의 이름이나, 혹은 선물하고 싶은 이의 이름으로 별 이름을 지을 수 있다. 지불 금액에 따라 이름 지을 수 있는 별이 달라지는데, 금액이 높을수록 더 밝은 별에 이름을 부여할 수 있다. 그 회사의 설명에 따르면 별 이름을 짓고 나면 그 이름은 '세계적으로 공인된 별 이름 목록' 또는 '국제 항성 목록'에 등재된다. 이로써 고객들은 꽤 공식적인 이미지를 풍기는 증서를 받게 되며, 우주의 별 하나가 이제 자신의 이름으로 불리게 된 것을 기뻐할 수 있다.

그러나 더 기쁜 것은 이런 증서를 파는 회사 쪽이다. 존재하지 않는 가상의 상품을 팔아먹는 형국이니 말이다. 사실 별은 아무에게도 속할 수 없는 것이기에 그 누구도 별 이름을 판매할 권리가 없다. 아니, 거꾸로 보자면, 모든 사람이 별 이름을 지을 권리가 있다.

그러나 우리가 '공식적'이라고 여기는 별 이름은 학계가 협의한, 구속력이 있다고 인정하는 명칭들뿐이다. 그리고 고대와 중세 아랍어, 그리스어, 라틴어로 된 이름을 부여받은 200~300개의 별을 제외하면, 주로 숫자와 철자의 조합으로 된 명칭을 달고 있다. 학자들로서는 별에 시적인 이름을 지어주는 것보다 체계적이고 통일적인 명칭을 부여하는 것이 훨씬 더 중요하고 실용적이기 때문이다.

별은 우리 모두의 것이다

국제천문연맹은 2016년에 비로소 별 명명 전담 분과를 따로 마련했다. 이 분과의 설립 목적은 별 이름을 표준화하고, 필요한 경우 새 이름을 부여하는 것이다. 그리하여 숫자나 철자로 된 명칭 외에 지금까지 카탈로그를 통해 '공식적으로' 인정받고 있는 이름은 330개 정도이고, 그중 사람 이름을 딴 것은 여섯 개에 불과하다. 스페인의 작가 세르반테스와 유명 천문학자 코페르니쿠스의 이름을 딴 별이 있고, 천문학자 에드워드 에머슨 바너드Edward Emerson Barnard의 이름을 딴 '바너드별'이 있다. 사냥개자리의 알파성 '코르 카롤리Cor Caroli'는 '찰스의 심장'이라는 뜻으로 영국 왕 찰스 2세의 이름을 땄다. 돌고래자리의 알파성과 베타성은 1814년부터 '수알로신Sualocin'과 '로타네브Rotanev'라 불리고 있는데, 이것은 이탈리아 천문학자 니콜라우스 베나토르Nicolaus Venator의 이름을 거꾸로 읽은 것이다. 어떻게 해서 이렇게 불리게 되었는지는 알려져 있지 않다.

이런 별들은 이미 아주 오랜 세월 동안 사람 이름을 따서 불렸고 그 이름이 굳어져서 IAU의 공식 카탈로그에 수록되었다. 이 밖에 사람 이름을 따서 불리는 몇몇 다른 별이 있긴 하다. 하지만 이런 이름은 천체를 연구하는 학자들 사이에서 '비공식적인' 별명으로 불리는 경우들이다. 가령 카탈로그상의 공식 명칭이 'KIC 8462852'인 별은 (천문학자 타베타 보야잔의 이름을 따서) '태비의 별Tabby's Star'이라 불린다. 이 별은 2015년에 주목을 받았다. 별의 광도가 밝아졌다 어두워졌다 하며 이상한 변동을 보였기 때문이다. 이에 대해 혹시 외계 생명체가 세운 대형 구조물이 아닌가 하는 주장까지 제기되었다.

'태비의 별'과 같은 이름도 오랜 기간 많은 사람들에게 불리다 보면 공식적인 이름으로 굳어져 IAU의 카탈로그에 수록될지도 모른다. 하지만 상업적 민간 업체가 작성하는 별 목록은 이런 성격의 것이 아니다. 이들이 돈을 받고 회사의 데이터뱅크에 등재해주는 이름은 아무런 공신력이 없으며, 같은 별에 여러 사람의 이름을 붙여 판매하지 않는다는 보장도 없다.

따라서 공신력이 없는 '별 명명'에 돈을 쓰는 대신, 그냥 예로부터 인류가 해오던 대로 하는 게 나을 것이다. 밤하늘의 별들을 바라보며 "저건 '누구 별'이야." 하며 이름을 정해도 보고, 이야기도 상상해보는 것 말이다. 그건 아무도 막을 수 없다. 별은 우리 모두의 것이므로.

백조자리 61

우주관의 전복

우주를 감싸고 있던 유리 껍데기

19세기 초반 우주에 대한 해묵은 수수께끼 하나를 규명하고자 하는
노력의 중심에 백조자리 61이 있었다. 백조자리 61은 백조자리에 있
는 쌍성으로, 우리의 태양보다 조금 작고, 조금 오래된 별이다. 18세
기 인류는 이 별이 태양에서 그리 멀지 않을 거라 추측했다. 당시는
별이 지구에서 얼마나 멀리 떨어져 있는지, 우주는 얼마나 큰지에 대
한 답을 구하지 못한 상황이었다.

사람들은 밤하늘의 별들이 반짝이는 것을 볼 수 있었다. 그러나
별에 이르는 거리는 쉽게 알 수 없었다. 기원전 6세기 아낙시만드로
스Anaximandros 와 같은 그리스 철학자들, 그리고 이후 피타고라스와
아리스토텔레스 같은 철학자들은 별들이 유리 천구 비스름한 것에
고정되어 우주의 중심인 지구를 돌고 있을 것이며 이 천구가 우주의
경계일 것이라고 생각했다. 이 추측에 따르면 우주는 상당히 작은 공
간일 터였다. 그러나 이후 16세기에 밝혀진 사실들이 그런 유리 껍
데기는 존재할 수 없으며, 별들이 우리가 생각했던 것보다 더 멀리
있음을 일깨워주었다.

조르다노 브루노Giordano Bruno 같은 학자들은 하늘에 보이는 빛의

점들이 우리의 태양과 비슷한 천체일지도 모른다고 생각했다. 그것들이 빛의 점으로만 보이는 것은 단지 멀리 있기 때문이라는 생각이었다. 일리가 있는 얘기였지만 그 누구도 별들까지의 거리를 측정하여 이 생각을 증명해줄 증거를 마련할 수는 없었다. 정확히 말하면, 한 가지 방법을 알고는 있었지만 그 방법을 이용하기란 결코 쉬운 일이 아니었다.

광활한 우주로의 첫걸음

17세기에 드디어 태양중심설, 지동설이 받아들여졌다. 코페르니쿠스, 갈릴레이, 케플러의 저작들은 태양이 지구를 도는 게 아니라, 지구가 태양을 돌고 있다는 사실을 확실히 설명해주었다. 지동설이 맞다면, 지구가 공전하는 1년 동안 우리는 서로 다른 위치에서 별들을 보게 될 것이고 동시에 그 별들이 위치를 바꾸는 것처럼 보이게 될 터였다.

이런 현상을 '시차Parallax'라 하고, 이 현상을 이용해 별에 이르는 거리를 가늠하는 방법을 '시차법'이라고 한다. 시차 현상은 손가락을 가지고도 쉽게 경험할 수 있다. 한쪽 팔을 뻗고 엄지를 들고는 한 번은 왼 눈으로, 한 번은 오른 눈으로 번갈아 바라보라. 두 눈이 약간 떨어져 있기 때문에, 왼 눈에서 오른 눈으로 바꾸어 뜰 때 엄지의 위치가 달라지는 것을 볼 수 있다. 배경 앞에서 엄지가 이리저리 뜀뛰기를 하는 것처럼 보이지 않는가?

연중 다른 계절에, 즉 지구가 태양계에서 다른 위치에 있을 때 별들을 관측하면 별들 역시 이렇게 왔다 갔다 할 것이다. 가까운 별일수록 움직이는 폭이 클 것이다. 그러므로 시차 현상을 통해 별까지 가는 거리를 측정할 수 있을 것이라 학자들은 생각했다. 하지만 처음 관측에서 어찌 된 일인지 별의 이러한 위치 변화가 잘 나타나지 않았다.

당시로서는 이런 관측 결과를 두고 지구가 우주의 중심에 고정되어 있기 때문이라는 해석이 나올 수도 있었지만 다행히 얼마 안 가 다른 가설이 제기되었다. 별들이 두드러진 '움직임'을 보여주지 않는 것은 별들이 우리의 생각보다 훨씬 멀리 있기 때문이라는 것 말이다. 별들까지의 거리가 멀수록, 위치 변화는 작을 것이기 때문이다.

백조자리 61은 밝고 관측이 수월해 이와 관련한 연구를 하기에 알맞은 천체였다. 그러나 처음에는 아무도 이렇다 할 관측 결과를 제시하지 못했다. 1812년 독일의 천문학자 프리드리히 빌헬름 베셀 Friedrich Wilhelm Bessel이 처음으로 시차 측정을 했을 때도 마찬가지였다. 하지만 그 뒤 1837년과 1838년에 베셀이 개선된 망원경으로 이 연구를 되풀이했을 때 그는 처음으로 백조자리 61의 시차를 명확하게 관측할 수 있었고, 그로부터 거리를 계산할 수 있었다. 베셀이 계산한 거리는 9.25광년이었다. 이것은 오늘날 알려진 수치인 11.4광년에 근접한다.

백조자리 61보다 지구에 더 가까운 별은 열두 개뿐이다. 대다수의 별은 이보다 훨씬 더 멀다. 베셀은 시차 측정을 통해 진짜 우주는 고대에 상상했던 유리 천구와는 전혀 관계가 없다는 사실을 보여주었

다. 물론 우주의 실제 규모는 베셀도 전혀 가늠하지 못했다. 그럼에
도 베셀이 상상을 초월하는 광활한 우주로의 첫걸음을 내디뎠다는
것만큼은 부정할 수 없다.

BPS CS 22948-0093
우주의 리튬 부족

빅뱅 직후 만들어진 원소들

별 BPS CS 22948-0093은 리튬 문제를 가지고 있다. 이 별에는 화학 원소 리튬이 별로 많지 않다. 물론 이 별만 그런 것은 아니다. BPS CS 22948-0093은 우리로부터 약 7000광년 떨어진 우리은하 외곽 지역에 있는 나이 든 별이다. 이런 별들은 상대적으로 젊은 우리의 태양보다 더 앞선 세대의 별에 속한다. 우주가—최소한 화학 원소 구성상—지금보다 더 단순했을 때 탄생한 별들이다.

최초의 원자는 약 138억 년 전 빅뱅 직후에 탄생했다. 그러나 당시 기존의 소립자로부터 복합적인 원자핵이 형성되기에 적절한 조건이 갖추어졌던 시간은 몇 분 되지 않았고, 이런 짧은 시간 동안 아주 단순한 원소밖에 만들어질 수 없었다. 바로 수소와 헬륨이다. 다른 원소들은 원자핵 구조가 상당히 복잡해, 추후 별 내부의 핵융합을 통해 소량만 만들어질 수 있었다. 그러나 예외가 하나 있었으니 바로 리튬이었다. 리튬의 원자핵은 상당히 간단해서, 아주 적은 양이지만 빅뱅 직후에 탄생할 수 있었다(약간의 베릴륨도 만들어질 수 있었지만, 이것은 여기서 별로 중요하지 않으니 언급을 하지 않기로 하겠다).

따라서 태초의 우주에는 많은 수소와 약간의 헬륨, 미량의 리튬이 있었고, 이런 비율은 아주 나이 든 별들의 화학적 조합에 반영되어 있을 것이다. 별들은 탄생 당시 존재하던 재료로만 만들어질 수 있기 때문이다. 수소와 헬륨의 비율에 관한 한 빅뱅 이론의 예측은 나이 든 별에서 관찰할 수 있는 것과 상당히 정확히 맞아떨어진다. 단 리튬만은 그렇지 않다. BPS CS 22948-0093과 같은 별들에서는 리튬이 원래 기대되는 양보다 두세 배 적게 측정되고 있다.

리튬은 알 수 없는 경로로 파괴되고 있다

물론 이를 빅뱅 직후의 원소 형성에 대한 우리의 이해가 아직 적은 탓으로 돌릴 수도 있을 것이다. 하지만 이런 지식을 확인해주는 관측 데이터들이 많기에, 마냥 그렇게 치부해버릴 수도 없는 노릇이다. 그리하여 학자들은 예상보다 적은 리튬의 양이 별 내부에서 일어나는 일들과 관계가 있을 것으로 보고 연구를 진행 중이다.

리튬은 별 내부에서 핵융합 반응이 진행될 때 비교적 낮은 온도에서도 파괴될 수 있다. 따라서 별이 나이 들어갈수록 리튬 양이 적어지는 것은 놀랄 일이 아니다. 기대했던 것보다 리튬 양이 적은 것은 나이 든 별들의 경우 젊은 별들보다 리튬이 더 효율적으로 파괴되기 때문일 수도 있다. 별의 가장 중심부 뜨거운 층에서 세월이 흐르면서 리튬이 사라질 뿐 아니라, 온도가 더 낮은 바깥층에 있는 리튬이 계속해서 별의 내부로 이동하고 있다면 리튬이 적은 현상이 설명된다.

실제로 별에서 그런 확산 과정을 통해 리튬 원소가 재분배된다면, 나이 든 별일수록 리튬을 더 적게 함유해야 할 것이다. 리튬을 파괴하는 데 더 많은 시간을 쓸 수 있었기 때문이다. 이 밖에도 빠르게 발달하는 뜨거운 별이라면 같은 나이라도 온도가 낮은 별보다 리튬이 더 적을 것이다. 온도가 낮은 별은 핵반응이 더 느리게 진행되니 말이다. 이와 관련된 수많은 관측 데이터가 정말 그럴 수도 있음을 암시한다. 그러나 리튬이 섞이는 과정이 왜 일어나는지는 아직 규명되지 않았다.

별들이 갖고 있는 리튬의 양이 왜 우리의 예상치에 미치지 못하는지에 대해서는 아직 밝혀지지 않았다. 이에 대해 지속적인 연구가 필요할 것이며 BPS CS 22948-0093과 같은 별들도 계속해서 주시해야 할 것이다. 이런 연구를 통해 빅뱅 직후 일어난 일에 대해 더 많은 정보를 얻을 수 있을지도 모른다.

Chi2 Orionis
집대성된 관측 데이터

캐롤라인 허셜, 오빠의 그늘에서 나오다

영국의 천문학자 존 플램스티드는 18세기 초에 오리온자리에서 별 Chi2 Orionis를 관측하고 자신의 카탈로그에 기입했다. 그리하여 이 별은 오리온자리의 62번째 별로서 목록에 추가되었는데, 아쉽게도 이 별을 끝으로 그의 카탈로그 작업이 중단되는 바람에 미처 카탈로 그에 기록되지 못한 별들이 많았다. 플램스티드는 그렇게 미완성의 카탈로그를 남겼고, 이를 업데이트하고 수정한 이가 있었으니, 그가 바로 저명한 천문학자인 윌리엄 허셜의 동생 캐롤라인 허셜Caroline Herschel이다.

어린 시절 캐롤라인 허셜은 자신이 훗날 여성 천문학자로서 역량 을 발휘하게 될 줄은 상상하지 못했다. 캐롤라인 허셜은 1750년 독 일 하노버에서 대가족의 막내 아이로 태어나 아주 기본적인 학교교 육만 받았다. 어머니는 캐롤라인이 그냥 집안일을 도우며 살아가기 를 바랐다. 그리하여 오빠 윌리엄이 영국으로 가서 음악가로서의 커 리어를 밟는 동안, 그녀는 집안일을 하며 지냈다.

그런데 캐롤라인이 22세가 되었을 때 윌리엄은 캐롤라인더러 영 국으로 오라고 제안을 한다. 그곳에서 직업 성악가로 일할 수 있다는 것이었다. 오빠 뒤치다꺼리를 하고 집안일을 해주는 데 대부분의 시간을 쓰지 않았더라면 그녀는 정말로 성악가로 살아갈 수 있었을지도 모른다. 그러나 오빠인 윌리엄 허셜이 얼마 안 가 음악을 그만두고, 취미인 천문학에 주력하기 시작한 것이다.

그리하여 캐롤라인은 이번엔 오빠의 천문학 연구를 돕게 되었다. 오빠를 위해 텍스트를 베끼고, 관측 데이터를 기록하고, 계산을 하고, 망원경 거울을 연마했다. 캐롤라인은 하늘을 관측하는 일에 굉장한 즐거움을 느꼈다. 오빠가 1781년 천왕성을 발견함으로써 일약 천문학계의 스타로 떠오르자, 캐롤라인도 온전히 천문학에 천착할 수 있었다. 영국 왕은 윌리엄을 왕실 천문학자로 임명했고, 캐롤라인은 공식적으로 윌리엄의 조수가 되어 어엿하게 봉급을 받으며 일하게 되었다. 게다가 자신만의 망원경까지 확보하여 그것으로 독자적인 연구를 할 수 있었다. 그녀는 1786년 8월 처음으로 혜성을 발견한 데 이어 총 8개의 혜성을 발견했는데, 당시로서는 정말 대단한 수였다.

플램스티드의 못다 이룬 작업을 완성하다

캐롤라인은 특별한 천체를 찾아 온 하늘을 샅샅이 탐구했고 선배 천문학자들의 데이터를 수정했다. 당시 가장 비중 있고 중요한 카탈로그는 바로 플램스티드의 항성 목록이었다. 하지만 앞서 말했듯, 이 목록은 미완성이었다. 이를 완성해서 공개하기 전에 플램스티드가 세상을 떠나버렸기 때문이다. 플램스티드의 후배들도 그의 데이터를 그다지 세심하게 취급하지 않았다. 그러나 캐롤라인은 이 항성 목록을 처음부터 꼼꼼히 점검하여 새로운 카탈로그를 만들었다. 플램스티드가 관측했으나 아직 성도에 표시하지 않았던 모든 별을 추가해 넣었다. 캐롤라인의 수고 끝에 1798년 Chi2 Orionis 별과 누락되었던 주변의 별들이 첨가된 〈플램스티드의 카탈로그〉가 공개되었다. 캐롤라인은 플램스티드의 목록에서 누락된 모든 관측 데이터를 기입하고 분류한 뒤에 기존에 잘못되어 있었던 부분들을 수정했다. 이렇게 천문학계에서 두루두루 말끔한 정리 작업이 이루어졌다. 필요한 데이터가 한 군데로 결집되어, 이후 천문학자들이 새로운 연구에 임하기가 더 쉬워졌다.

봉급을 받으며 학술 활동을 한 여성학자가 캐롤라인 허셜이 최초는 아니다. 하지만 그럼에도 선구자인 것은 분명하다. 그녀는 1822년 윌리엄이 세상을 떠난 뒤에도 오랫동안 연구에 매진했다. 그러나 오빠의 큰 그늘에서 벗어나 동료들에게 어엿한 한 사람의 천문학자로 인정받기까지는 꽤 오랜 시간이 걸렸다. 그녀는 78세에 이르러 영국 왕립천문학회에서 주는 금메달을 받았다. 85세에는 여성 최초로 영국 왕립천문학회 명예 회원이 되었고, 88세에는 아일랜드 왕립천문학회 회원이 되었으며, 96세에 비로소 자신의 고향 프로이센 과학 아카데미가 수여하는 메달을 받았다. 캐롤라인 허셜이 자신의 생애를 통해 한 가지 증명한 것이 있다면, 그것은 바로 꾸준히 밀고 나가는 힘, 즉 지구력이라고 할 수 있을 것이다.

안타레스
구름을 만든 별

우주 공간에 흩어져 있는 성간물질

우주는 기본적으로 상당히 비어 있다. 커다란 간격을 두고 별들이 드문드문 흩어져 있는 것은 물론이거니와, 별들 사이 그 엄청난 공간에도 별다른 것이 없다. 그러나 어디에서 무엇을 찾아야 하는지를 알면, 우리는 천문학적으로 매우 의미 있는 것들을 충분히 발견할 수 있다. 작은 공간 안에 몇 개밖에 없는 수소 원자를 발견할 수도 있고, 헬륨 원자를 발견할 수도 있다. 약간 운이 좋으면 다른 화학 원소의 흔적도 발견할 수 있다. 이렇게 우주 공간에 흩어져 있는 모든 입자들을 '성간물질'이라 부르는데, 이런 물질들은 자세히 살펴볼 가치가 있다.

다른 곳보다 성간물질의 밀도가 더 높거나 반대로 더 희박한 곳에서는 우주가 어떤 방식으로 존재하고 작동하는지에 대한 힌트를 얻을 수 있다. 별들 사이에 성간물질의 밀도가 높아 구름이 낀 것처럼 보이는 지역은 바로 새로운 별들이 생성될 수 있는 지역이다. 그리고 성간물질이 희박한 곳은, 비유적으로 말하면 죽어가는 별들이 '손을 쓴' 지역이다.

거품, 먼지, 구름

우리의 태양계는 너비가 약 300광년 정도 되는 '국부거품Local Bubble' 지역에 속해 있다. 이 지역은 성간물질이 매우 희박하다. 겨우 수소와 헬륨을 발견할 수 있는 정도이며 먼지는 거의 없다시피 한다. 우주에 먼지라니 의아해할 수도 있는데, 우주에서 먼지라는 말은 탄소 원자가 결합된 흑연 입자나 미세한 얼음 입자 등 개별 원자가 아닌 복합적인 분자로 구성된 성간물질을 일컫는 말이다. 행성이 탄생할 수 있는 곳에는 이런 물질들도 존재하며, 별들의 복사선을 통해 우주 멀리까지 떠밀려 갈 수 있다.

국부거품 지역에 먼지가 없는 이유는 이렇게 먼지들이 떠밀려 가 버렸기 때문이기도 하다. 국부거품 지역은 지난 수백만 년 동안에 몇몇 커다란 별들이 생애를 마친 지역일 확률이 높다. 수명을 다할 때 별들은 커다란 폭발을 하게 되는데, 이런 폭발의 충격파로 말미암아 근처의 먼지들이 싹 쓸려 가버려(즉 초신성의 충격파가 근처의 성간물질을 밀어내어) 국부거품이 생겨난 것이다. 그러나 이런 거품 한가운데에는 약간의 먼지들이 남아 있다. 이를 '국부성간구름'이라고 부른다. 커다란 국부성간구름은 지름이 약 30광년 정도 되는데, 안타레스 같은 별들이 이런 성간구름을 유발한다.

안타레스는 전갈자리의 가장 밝은 별로, 붉게 빛나서 분간하기가 쉽다. 이 별은 거의 수명을 다하여 초거성으로 부풀어 오른 별이다. 이 별을 우리의 태양의 자리에 가져다 놓는다면, 아마 화성의 궤도 뒤까지 먹어버릴 것이다. 별로서의 수명을 거의 다했음에도 안타레스의 나이는 상대적으로 그리 많지 않다. 안타레스는 약 1500만 년 전에 태어났다. 하지만 안타레스처럼 질량이 큰 별들은 굉장히 뜨거워서, 핵융합에서 우리 태양처럼 작은 별들보다 '연료'를 더 빨리 소진해버린다.

안타레스는 전갈-켄타우루스 성협Scorpius-Centaurus Association에 속한다. 이 성협은 전갈자리와 켄타우루스자리에 수천 개의 젊고 밝은 별들로 이루어진 집단이다. 이 지역은 새로운 별이 생성되기 좋은 여건인데, 여느 별이 그러하듯, 안타레스 또한 이곳에서 탄생하며 많은 양의 먼지와 가스를 우주 공간으로 흘려보냈다.

태양계는 현재 국부거품 속, 국부성간구름 지역을 통과하고 있다. 약 10만 년 전부터다. 이런 성간구름 지역을 다시 떠나 좀 더 깨끗한 국부거품 지역으로 이동하기까지는 앞으로 수만 년 더 걸릴 것으로 전망된다. 물론 이렇게 성간구름 지역을 여행하는 것을 지구에 거주하는 우리는 체감할 수 없다. 그러기에는 별들 사이에 있는 물질이 너무 적기 때문이다.

꼬리별, 혜성
오랫동안 두려움을 선사하던 천체의 실체

예고 없이 나타나 이내 사라지는 존재

옛사람들은 하늘에 혜성이 나타나면 매우 불안해했다. 도무지 익숙지 않은 현상이었기 때문이다. 다른 천체들은 안정적인 점광원으로 보이는데, 혜성은 그들과는 다르게 긴 꼬리를 달고 하늘을 헤쳐 나아가는 거칠고 위험한 존재로 보였다. 예고 없이 나타나 이내 사라지는 존재. 그리하여 이런 천체를 '꼬리별', '혜성'이라고 불렀다. 혜성을 뜻하는 영어 단어 'Comet'은 머리카락을 뜻하는 그리스어 '코메κόμη'에서 유래한 것이다.

이런 '별'과 그 '갈기'가 무엇인지는 오랫동안 수수께끼로 남아 있었다. 그리스의 학자 아리스토텔레스는 혜성이 천체가 아닌, 대기 중의 광학 현상이라 주장했고, 17세기 사람들은 혜성은 어쨌든 좋은 건 아니라고 생각했다. 목사이자 천문학자인 요한 고트프리트 타우스트Johann Gottfried Taust는 1681년 당시 잘 알려져 있던 시를 인용해 혜성이 나타나고 나면 높은 열, 질병, 페스트, 죽음, 어려운 시대, 빈곤, 큰 기근, 가뭄, 흉년, 전쟁, 약탈, 화재, 살인, 소요, 질투, 미움, 다툼, 추위, 폭풍, 악천후, 홍수, 높은 사람들의 패망과 사망, 지진이 잇따른다고 적었다.

이런 혜성에 대한 두려움에는 명확한 근거가 없었지만, 당대의 시각으로 보면 이해할 수 있는 일이다. 당시 사람들이 보기에 다른 별들은 다 하늘에서 움직이지 않고 모두 고정되어 있었기 때문이다. 물론 행성들은 움직이지만 그 움직임은 미리 계산할 수 있는 것이었다. 규칙 없이 움직이는 것은 오직 혜성뿐이었다. 혜성의 출현과 사라짐은 모든 예측과 이해를 벗어났다.

과거에서 온 소중한 사절

그러나 결국 아이작 뉴턴이 중력 이론을 통해 비로소 혜성도 공전궤도를 따라 태양을 돌고 있음을 증명했다. 혜성의 궤도는 굉장히 길고, 행성들과 달리 원형이 아닐 따름이었다. 혜성은 태양으로부터 상당히 멀리까지 갈 수 있으며, 태양에 충분히 가까이 다가왔을 때만 우리 눈에 보이는 것이었다.

우리는 오늘날 혜성이 무엇인지 알고 있다. 혜성이 태양계에서 행성들이 탄생하던 시절에 쓰고 남은 '건축 자재'로 이루어져 있다는 걸 말이다. 45억 년 전 태양 주변에서 먼지와 가스가 뭉쳐져 점점 커다란 천체를 이루고 마침내 행성들이 탄생했을 때, 재료들이 약간 남아 암석과 얼음이 합쳐져 덩어리를 이루었다. 이렇게 지름이 몇 킬로미터 되지 않는, 꽁꽁 언 재료들로 이루어진 덩어리가 바로 혜성이다. 혜성이 태양 가까이 오면 얼음이 녹으면서 가스 형태로 우주에 방출되고, 혜성 표면에 있던 먼지도 함께 휩쓸려 나와 혜성을 두른다. 이런 커다란 먼지 망토, 즉 '머리카락'이 햇빛을 잘 반사할 수 있기에 원래는 작은 천체인데도 우리 눈에 보이는 것이다. 이런 먼지는 또한 꼬리처럼 길게 늘어져 우리에게 독특한 볼거리를 선사한다.

오늘날 혜성에 대한 미신적인 오라aura는 거의 남아 있지 않다. 여전히 혜성을 세계 멸망의 징조나, 신의 계시, 외계 우주선으로 여기는 사람들도 있지만 말이다. 대신에 우리는 그것이 과거에서 온 소중한 '사절'이라는 것을 알고 있다. 혜성은 태양계가 아직 젊고 행성들이 없었던 오랜 과거에 탄생한 천체다. 그리하여 혜성을 연구하면 당시 모든 것이 어떻게 시작되었는지를 알 수 있다. 혜성은 죽음의 징조가 아니라 우리의 근원을 알려주는 메신저인 것이다.

HD142
별의 분류

별의 지문, 스펙트럼

〈스펙트럼을 이용한 남반구 하늘 1688개 별 분류〉. 1912년 천문학자 애니 점프 캐넌Annie Jump Cannon 이 동료 에드워드 피커링Edward Charles Pickering 과 함께 공개한 논문 제목이다. 사실, 별다를 게 없어 보이는 제목이다. 논문을 읽기 시작해도 그다지 감흥이 일지 않는다. 첫 50쪽 은 텍스트도 거의 없다. 몇 쪽에 달하는 표에 별들의 좌표와 특성이 표기되어 있을 뿐이다. 이 목록의 첫 번째 별은 HD142로, 표의 아홉 번째 칸에 보면 이 별에 대해 'G0'이라고 표시되어 있다. 이 별뿐 아 니라 다른 1687개 별 모두 철자 하나와 숫자 하나로 이루어진 표식 을 갖고 있다.

이런 표식이 그다지 흥미롭게 다가오지 않을지라도, 이것은 해당 별에 대한 상당히 많은 정보를 담고 있다. 'G0'이라는 것은 HD142 의 스펙트럼 유형이다. 여기서 스펙트럼이란 별빛의 특성을 보여주는 광 스펙트럼을 말한다. 별은 여러 색깔로 이루어진 빛을 우주로 방출 하는데, 적절한 기기를 사용하여 빛을 각각의 색깔로 분산시킬 수 있 다. 혼합색을 여러 색깔로 이루어진 무지개로 나눌 수 있는 것이다.

이렇게 분산시킨 스펙트럼을 자세히 보면 어두운 선이 보인다. 이를 '스펙트럼선'이라고 하는데, 이것은 그 별을 구성하는 화학 원소 때문에 생긴다. 빛이 별을 구성하는 가스층을 투과할 때 그곳에 존재하는 원자들이 일부 빛을 차단하는데, 화학 원소에 따라 서로 다른 특성을 가진 빛을 저해한다. 그리하여 스펙트럼선은 바코드처럼 생긴, 별의 구성 원소를 알려주는 화학적인 지문이라 할 수 있다.

별의 온도로 등급을 나누다

19세기 후반 이런 기술을 활용해 점점 더 많은 별을 연구하게 되면서, 학자들은 본격적으로 스펙트럼선을 이용하여 별을 분류하기 시작했다. 최초의 방대한 별 스펙트럼 목록은 1890년 나왔는데, 윌리아미나 플레밍Williamina Fleming 의 작업을 토대로 한 것이었다. 그녀는 당시 하버드 천문대에서 단순 업무를 하던 많은 여성 중 한 사람이었다. 이런 여성들은 남성 동료들보다 열악한 월급을 받으며 지루한 일을 했다. 주로 데이터를 분류하거나 계산을 하는 업무였다. 그러나 많은 여성 동료들과 마찬가지로 플레밍은 아무 생각 없이 일하지 않았으며, 큰 그림을 볼 줄 알았다. 그리하여 관측된 수소량을 기준으로 별을 분류하는 시스템을 개발했다. 가장 많은 수소를 가진 별들을 'A', 그다음 등급을 'B', 이런 식으로 표시하여 'N'까지 등급을 정했다. 플레밍의 동료 안토니아 모리Antonia Maury 도 시스템을 개발했으나 그것은 훨씬 더 복잡하고 복합적이었다. 그 와중에 1896년부터 하버드 천문대에서 일하던 세 번째 동료인 캐넌이 마침내 이 두 사람의 작업을 정리하고 절충안을 마련했다.

캐넌은 모리와 플레밍이 개발한 시스템을 부분적으로 받아들이는 동시에 모든 자료를 다시 한번 세심하게 정리했다. 캐넌은 별을 표시하는 데 플레밍이 분류한 모든 등급이 다 필요하지 않다는 걸 발견했다. 그리하여 많은 등급은 아예 누락시키고 나머지만 재분류한 결과, 철자 'O', 'B', 'A', 'F', 'G', 'K', 'M'에 해당하는 등급만이 남았다. 이 등급은 별의 온도를 말해준다. O에 해당하는 별들은 표면 온도가 3만 도 이상으로 가장 뜨거우며, 그다음 B등급은 1만 도 이상이다. O와 B, 이 두 등급의 별들은 청백색으로 아주 밝게 빛난다. A 등급 별들은 7500도에서 1만 도 사이로 백색에 가깝다. 이어 F, G, K 등급의 별들은 7500도에서 3500도 사이로 노랑에서 주황빛을 낸다. 온도가 2000도에서 3500도 사이인 마지막 M 등급의 별들은 붉은색을 띤다.

이렇게 등급을 나눈 데 이어 더 정밀한 분류를 위해 캐넌은 숫자를 도입했다. F0 유형의 별은 F1 유형보다 온도가 약간 더 높고, F1 유형 역시 F2 유형보다 온도가 약간 더 높다. 이런 방법으로 F9까지 나뉜다. 그리고 다음 등급에서도 온도에 따라 다시 0부터 분류하는 것이다. 따라서 캐넌의 카탈로그에서 별 HD142는 G 등급의 별 중에서 가장 온도가 높은 그룹에 속하는 별이다.

별의 스펙트럼 등급은 시간이 흐르면서 점점 더 세분화되고 확대되었지만, 기본적으로는 캐넌의 분류 방식이 고수되고 있다. 그리하여 현대 천문학에서도 여전히 이런 철자 분류법을 활용하고 있다.

20

메디치의 별
별은 아니지만, 그럼에도 혁명적인

하늘의 중심이 두 개일 수 있는가

1610년 1월 7일 우주는 바뀌었다. 아니 최소한 우주에 대한 우리의
관점이 변화했다. 고대부터 이때까지 사람들은 지구는 움직이지 않
고 우주의 중심에 있으며, 다른 모든 천체가 지구 주위를 돌고 있다
고 생각했다. 눈으로 관찰하는 것과 맞아떨어지는 관점이었다. 하늘
은 분명히 지구를 중심으로 돌고 있고, 지구는 분명히 움직이지 않지
않는가.

그러다 16세기에 천문학자 코페르니쿠스가 태양이 중심에 있고
지구는 여러 행성 중 하나로서 태양을 돌 뿐이라는 태양중심설을 제
시했다. 처음에는 교회뿐 아니라 학자들까지 이런 우주관을 거부했
다. 그도 그럴 것이 그렇다면 달은 무엇이냐는 것이었다. 우주에 대
한 새로운 시각으로 보아도 달은 여전히 지구를 돌고 있는 것이 틀
림없었다. 그렇다면 갑자기 두 개의 중심이 생긴다는 이야기가 아닌
가. 지구가 태양 주위를 도는데, 달은 지구 주위를 돈다? 흠, 이것은
굉장히 말이 안 되는 얘기처럼 들렸다.

그러나 결국 갈릴레오 갈릴레이가 '메디치의 별Sidera Medicea'을 발
견하기에 이르렀다. 발견이 있기 얼마 전에 네덜란드에서 새로운 광

학 도구가 개발되어 육안으로 보는 것보다 훨씬 더 잘 볼 수 있게 된 터였다. 갈릴레이는 이런 도구를 더 개량하고 직접 렌즈를 연마하여 새로운 망원경을 만들었고 이 망원경으로 하늘을 살폈다. 그러자 그 전에 아무도 보지 못했던 것들이 눈에 띄었다. 달에 있는 산들, 태양의 흑점, 그리고 맨눈으로는 보이지 않던 수많은 별들이 말이다. 목성 바로 가까이에도 세 별이 있었다. 그런데 그 뒤 며칠 자세히 살펴보니 이 세 별은 커다란 천체인 목성과 함께 움직이는 것이었다. 게다가 목성 주위에서 위치를 바꾸었고, 네 번째 별도 등장했다. 이런 별들은 꼭 목성 주위를 도는 것처럼 보였다.

최초로 발견된 위성

갈릴레이는 예전 자신의 제자였던 토스카나의 대공 코시모 2세의 이름을 따서 이 별들을 '코시모의 별Sidera Cosmica'이라고 명명하고자 했다. 앞으로 별을 연구하는 데 재정적인 지원을 받기 위한 제스처였다. 하지만 코시모 스스로는 자신만이 아니라 세 형제에게도 영예가 돌아가도록 '메디치의 별'이라는 명칭을 더 선호했다.

그러나 메디치의 별들은 진짜 별이 아니었다. 갈릴레이가 발견한 것은 목성의 네 위성이었다. 지구의 달을 제외하면 메디치의 별들은 당시 최초로 발견된 위성들이었다. 하지만 더 중요한 것은 이런 발견으로 말미암아 지구가 모든 운동의 중심일 수가 없다는 것이 확실해졌다는 것이다. 옛 시스템의 관점으로 보건, 새로운 시스템의 관점으로 보건 간에, 목성이 위성을 거느리고 있는 건 확실했다. 목성의 네 위성을 발견한 것은 지구중심설을 무너뜨리고 지구를 우주의 중심에서 내몬, 많은 구체적인 관측 중 첫 번째 것이다.

그러나 메디치 가문의 이름을 따서 지은 메디치의 별이란 명칭은 오래가지 못했다. 간발의 차이로 갈릴레이보다 하루 늦게, 독자적으로 목성의 위성을 발견한 독일의 천문학자 시몬 마리우스Simon Mayr는 목성의 위성을 그리스 신화에 나오는 이름으로 부르자고 제안했다. 하지만 갈릴레이는 이를 받아들이지 않았고, 대신에 그냥 로마숫자 I에서 IV까지를 사용해서 목성의 위성에 이름을 붙였다.

그러나 19세기에 들어 다른 행성의 위성들이 줄줄이 발견되어 서서히 상황이 복잡해지면서, 학자들은 다시금 시몬 마리우스가 제안한 이름으로 네 위성을 부르기 시작했다. 이오, 유로파, 가니메드, 칼리스토가 그것이다. 목성의 위성들은 별은 아니었지만, 그럼에도 혁명적인 천체들이었다.

21

HD 10180
차갑게 명명되는 별

현대 과학은 국제적이다

별 HD 10180은 특별하다. 이 별은 물뱀자리 방향으로 지구에서 약 127광년 떨어져 있는, 태양과 비슷한 항성이다. 육안으로는 보이지 않는다. 하지만 유럽 남방 천문대의 망원경은 이 별을 6년간 정확히 관측했다. 그리고 2010년에 최소 여섯 개, 혹은 일곱 개, 혹은 최대 아홉 개에 이르는 행성이 이 별을 돌고 있다는 결론을 내렸다. 이렇게 많은 행성이 별을 돌고 있음을 발견한 것은 이때가 처음이었다(물론 우리의 태양을 제외하고 말이다). HD10180을 도는 행성의 대부분은 지구보다 더 크고 무겁다. 별로부터의 거리에 따라 순서대로 HD10180c, HD10180d, HD10180e, HD10180f, HD10180g, HD10180h라는 이름이 붙었다.

그런데 천체의 명칭은 어찌하여 이렇게 복잡하고 지루한 철자와 숫자의 결합으로 이루어진 걸까? 이 모든 명칭은 어디서 온 걸까? 천문학자들은 어찌하여 별과 천체를 위해 좀 더 제대로 된 이름을 짓지 못하는 걸까?

그들은 그럴 수 없다. 그것은 그들이 낭만도 창조성도 없는 냉혈한들이기 때문이 아니다. 별도 너무 많고 행성도 너무 많기 때문이다. 이런 어마어마한 수의 별과 행성을 정리하려면 특별한 방법이 필요하다. 고대인들은 별들에 '진짜' 이름을 부여했다. 그러나 모든 별에 그렇게 하지는 않았고 가장 밝은 별들에만 이름을 지어주었다. 가령 시리우스는 고대 그리스어 'Seirios'에서 유래한 말로 그리스 신화의 사이렌 이야기와 관계가 있는 것으로 보인다. 인도인들은 시리우스를 '마카라지오티'라 불렀고, 수메르인들은 '하늘의 화살'이라는 뜻의 'Sukudu'라 불렀다. 시리우스는 이렇듯 다양한 문화권에서 약 50개의 다른 이름으로 불렸다.

여기서 별 이름과 관련한 첫 번째 문제가 드러난다. 같은 별이 여러 이름을 가지고 있으면, 지금 어떤 별을 이야기하는 것인지 어떻게 알겠는가? 150년 전까지는 아마 딱히 문제가 되지 않았을 테지만, 현대 과학은 국제적이다. 효율적인 의사소통을 위해서는 모두가 이해할 수 있고 확인할 수 있는 체계적인 접근이 필요했다.

수많은 별과 효율적인 명명법

체계적인 별 명명법을 최초로 도입한 사람은 17세기의 독일 천문학자 요한 바이어였다. 바이어는 별을 그가 속한 별자리에 따라 분류하고, 밝기에 따라 배열했다. 그리하여 별 이름은 밝기를 뜻하는 그리스어 철자와 라틴어 별자리 이름으로 구성되었다. 시리우스는 'Alpha Canis Majoris', 즉 큰개자리 알파성이 되었다. 18세기에는 영국의 천문학자 플램스티드가 비슷한 시스템을 도입했다. 그는 별을 별자리 위치에 따라 분류하고 그것에 번호를 매겼다. 그리하여 시리우스는 '9 Canis Majoris', 즉 큰개자리 9번 별이 되었다.

바이어의 《우라노메트리아》와 〈플램스티드의 카탈로그〉에는 수천 개의 별이 수록되어 있다. 그러나 세월이 흐르면서 망원경은 점점 개선되었고, 새로 발견된 모든 별을 어떻게든 표시해야 했다. 그리하여 별 명칭은 대부분 숫자와 철자가 결합된 약자로 되었는데, 이것은 이 별이 어떤 카탈로그에 속해 있는지를 보여주며, 아울러 별의 위치, 혹은 카탈로그의 일련번호를 나타낸다.

가령 여러 행성을 거느린 HD 10180은 〈헨리 드레이퍼 카탈로그 Henry Draper Catalogue〉의 1만 180번째 별이라는 뜻이다. 〈헨리 드레이퍼 카탈로그〉는 1918년에서 1924년 사이에 하버드 천문대가 작성한 표로 천문학자 헨리 드레이퍼의 이름을 따서 지었다. 〈헨리 드레이퍼 카탈로그〉에는 30만 개가 넘는 별이 수록되어 있어서, 천문학책을 읽다 보면 'HD'라는 약자를 단 별 이름이 종종 눈에 띌 것이다.

그러나 천문학은 점점 더 많은 별을 정리해야 하는 상황이 되었고, 결국 다른 많은 카탈로그들이 나오게 되었다. 현재 가장 방대한 카탈로그는 가이아 우주 관측소의 자료를 토대로 한 것으로 무려 16억 9291만 9135개의 별이 수록되어 있다. 'GAIA DR2'라는 약자와 19자리의 수로 표시된다.

물론 천문학자들도 '진짜' 이름이 더 멋지게 들릴 뿐 아니라, '진짜' 이름을 지어주는 것이 천문학의 대중화에도 더 적합하다는 걸 의식하고 있다. 그리하여 2016년 국제천문연맹은 이런 문제를 전담하는 분과를 발족시켰다. 이 분과에서는 고대부터 존재해온 이름들을 정리하고 단순화하는 작업을 했고, 공모를 통해 지금까지 '지루한' 이름만 가지고 있던 몇몇 별에 멋진 이름을 지어주었다. 그리하여 지금까지 330개 별이 공식적으로 '진짜' 이름으로 불리고 있다. 하지만 HD 10180은 아직 진짜 이름으로 부를 계획이 없다.

22

테이데 1
실패한 별

빛을 발하기 위한 조건

항성이 고유한 밝기의 빛을 내는 반면 행성들이 빛을 내지 않는 이유는 무엇일까? 그것은 바로 중력 때문이다. 충분히 많은 물질이 강하게 응집되면 높은 밀도와 서로를 누르는 엄청난 압력으로 말미암아 아주 높은 온도가 조성된다. 온도가 높을수록, 해당 천체를 구성하는 원자들은 더 빠르게 움직인다. 온도가 500만 도 이상으로 상승하면 수소 원자들은 아주 빠르게 움직이며, 충돌하면 더 이상 서로 튕겨 나가지 않고 헬륨 원자로 융합한다. 이런 핵융합 과정에서 에너지가 방출되며, 해당 천체는 빛을 발하게 되는데, 이를 '별(항성)'이라 부른다.

스스로 빛을 낼 수 있는 별이 되려면 질량이 최소한 태양의 7퍼센트 정도는 되어야 한다. 이 수치는 가스 행성인 목성의 질량의 75배에 달하는 수준이다. 이 질량 이상이 되어야 수소 원자가 융합될 수 있다. 그 천체가 일반적인 수소, 즉 그 원자핵이 양성자 한 개인 수소 원자로만 이루어져 있다면 말이다. 그러나 많은 원소들이 '동위원소'라고 하는, 비슷하지만 약간 다른 원소들을 갖고 있다. 수소의 동위원소인 '중수소'는 원자핵이 양성자 하나와 중성자 하나로 이루어졌는데, 그냥 '보통' 수소보다 훨씬 더 낮은 온도에서도 헬륨으로 융합될 수 있다. 이런 환경에서는 목성 질량의 13배 정도만 되면 스스로 빛을 낼 수 있다.

별과 행성 사이, 그 회색 지대

목성의 13배 이하의 질량으로는 핵융합이 원칙적으로 불가능하다. 그런 천체는 별이 될 가능성이 없다. 질량이 목성의 75배 이상이라 일반 수소가 헬륨으로 융합된다면, '절대적으로' 별이다. 그런데 13배 이상 75배 이하에 해당하는 중간 영역이 흥미롭다. 이는 별이라고 할 수 있을지 없을지 명확하지 않은 회색 지대다.

미국의 천문학자 시브 쿠마르Shiv Kumar는 1962년 이런 회색 지대를 더 정확히 살펴보았다. 하늘에서 관측한 건 아니었고, 이론적으로 모델링함으로써 그런 천체에서 무슨 일이 일어나는지를 예측해본 것이다. 쿠마르는 이 천체들이 별과 비스름하게 빛나기는 하지만, 밝기가 훨씬 약하고 수명도 길지 않다는 결론을 내렸다. 쿠마르가 발견한 바에 따르면 그 이유는 그 천체에서는 일반적인 수소가 아니라 중수소가 헬륨으로 융합되기 때문이다.

물론 우주에는 중수소보다 일반적인 수소가 훨씬 많다. 태양과 같은 별들이 수십억 년 동안 빛을 발할 수 있는 것은 그것이 대부분 수소로 이루어져 있기 때문이다. 우주의 중수소 비율은 아주 미미하다. 그러므로 얼마 되지 않는 중수소를 연료로 활용하는 천체는 얼마간 빛을 발할 수는 있지만, 그 시간은 기껏해야 수억 년에 불과하고, 방출하는 에너지의 양도 얼마 되지 않는다. 약하게 빛나다가, 연료가 다 소진되면 점점 차갑게 식는다.

쿠마르는—당시로서는 종이 위에서만 존재하던—이런 실패한 별을 '검은 별'이라 불렀다. 그 뒤 미국 천문학자 질 타터Jill Tarter가 이런 별을 '갈색왜성'이라 불렀고, 이 명칭이 오늘날까지 자리 잡게 되었다. 그런데 이처럼 별과 행성의 중간쯤 되는 천체가 정말로 존재하는지는 오랫동안 미지수로 남아 있었다. 갈색왜성은 진짜 별들에 비하면 크기가 무척 작기 때문에 발견하는 것이 정말로 어려웠기 때문이다. 목성보다 조금 더 큰 정도인데 빛을 내더라도 아주 희미한 빛을 내며 대부분 우리 눈에 보이지 않는 적외선 영역의 복사선을 방출한다. 게다가 상대적으로 밝고 질량도 많은 갈색왜성은 질량이 가까스로 목성의 75배가 넘는 적색왜성과 구별하기가 어렵다.

그리하여 1995년에야 비로소 갈색왜성을 최초로 확실하게 관측해내는 데 성공했다. 에스파냐 카나리아 제도 천체물리학 연구소의 라파엘 레볼로 로페즈Rafael Rebolo López 팀이 지구에서 400광년 떨어진 플레이아데스 성단을 관찰하는 중에, 갈색왜성 '테이데 1'을 발견했다. 테이데 1은 질량이 목성의 약 50배이며 표면 온도가 우리의 태양보다 약 2000도 정도 낮다.

이후 테이데 1에서 리튬의 존재도 증명되었다. 이것은 테이데 1이 정말로 갈색왜성임을 보여주는 결정적인 증거였다. 테이데 1이 진짜 별이라면, 고온의 핵융합 과정에서 별 속 리튬이 오래전에 사라지고 남아 있지 않았을 것이기 때문이다.

그리는 동안에 우리는 우리은하에서 몇만 개의 갈색왜성을 발견
했고, '항성'과 '행성'을 가르는 명확한 경계선이 없다는 것을 알게
되었다. 갈색왜성은 그 중간의 자리를 점하고 있다. 밝게 빛나는 별
이 되지는 못했지만 그 매력은 별에 못지않은 천체, 그것이 바로 갈
색왜성이다.

23

알데바란
먼 미래의 랑데부

생애의 마지막 시기에 다다른 적색거성

약 200만 년 뒤 알데바란Aldebaran은 손님을 맞을 것이다. 1972년 3월 3일 지구를 떠난 탐사선 파이오니어 10호는 200만 년 뒤면 65광년 떨어져 있는 알데바란에 닿게 될 것이다. 그때가 되면 알데바란이 별로서의 생명을 이미 마쳤을 것이므로 그 근처에서 외계 생명체를 만나지는 못하겠지만 말이다.

황소자리의 알데바란은 밤하늘에 관찰하기 좋은 별이다. 밝게 빛나기에 육안으로도 잘 보일 뿐 아니라, 붉은색이라 찾기가 쉽다. 붉은 색깔은 알데바란이 온도가 높지 않음을 보여준다. 알데바란은 우리 태양보다 2000도 낮다. 하지만 온도가 높지 않음에도 우리 태양보다 훨씬 밝게 빛난다.

그것은 알데바란이 '적색거성'이기 때문이다. 질량은 태양의 1.5배밖에 되지 않지만, 태양보다 44배 더 크다. 늘 그랬던 것은 아니었다. 전에는 알데바란도 아주 평범한 별이었다. 그리고 보통 별처럼 행동했다. 즉 내부에서 수소 원자를 헬륨으로 융합했고 그 과정에서 에너지를 방출했다. 하지만 내부의 수소는 어느 순간 바닥이 났고, 헬륨만 연료로 남은 상태다. 이런 별은 생애의 마지막 시기에 별은 그 중심에서 전보다 더 많은 에너지를 만들어낸다. 그리하여 부풀어 오른다. 알데바란도 이런 과정을 거치며 커지고 붉어져 눈에 잘 띄게 된 것이다.

알데바란을 뒤따를 태양

알데바란이 눈에 잘 들어오는 건 하늘에서 그가 점하는 위치 때문이기도 하다. 알데바란은 플레이아데스 성단 근처에 위치하여, 마치 이 성단을 쫓아가는 것 같은 모습을 보여준다. 이는 지구 자전으로 인해 모든 별이 하늘에서 함께 움직이는 것처럼 보이기 때문이다. 알데바란이라는 이름도 '뒤따라가는 자'라는 의미의 아랍어에서 유래했다.

그런데 태양도 다른 의미에서 알데바란을 따라갈 예정이다. 태양도 생애의 마지막에는 적색거성으로 부풀어 오를 것이기 때문이다. 이때 지구가 어떻게 될지는 아직 모른다. 지구보다 태양에 더 가까운 수성과 금성은 아마 죽어가는 태양에게 먹혀버릴 것이다. 지구도 비슷한 운명에 처할 수도 있고, 이런 운명을 모면할 수도 있다. 부풀어 오르면서 태양이 질량을 조금씩 잃게 될 것이기 때문이다. 별이 매우 커지면 대기의 가장 바깥 부분을 붙잡아두지 못하고, 우주로 흘려보내게 된다. 이렇게 질량의 손실이 있게 되면 중력도 줄어들어, 행성들의 궤도가 지금보다 약간 바깥쪽으로 밀려날 것이다.

그러나 이런 불확실한 미래를 심각하게 염려할 필요는 없다. 이 모든 일은 비로소 50억~60억 년 뒤에 벌어지게 될 테니 말이다. 그때가 되면 지구는 너무 뜨거워져서 어차피 생명은 살 수가 없는 땅이 될 것이다. 파이오니어 10호도 이미 오래전에 알데바란을 지나쳤을 것이고 말이다. 태양계 바깥쪽 행성들을 탐사할 목적으로 발사되어 머나먼 우주 공간으로 계속해서 나아가고 있는 이 탐사선과의 연락은 2003년에 이미 끊겼다.

탐사선이 알데바란에서 무엇을 보고 있는지 알 수 있다면 정말 흥미로울 텐데 아쉽게 되었다. 그도 그럴 것이 1998년에 이 적색거성 주변을 도는 행성을 하나 발견했다. 생명이 거할 수 있는 행성은 아니고, 목성의 약 여섯 배 정도 되는 커다란 가스 행성이었다. 다만 이 행성은 자신이 공전하는 별의 생애 마지막 시기를 견디고 살아남았다. 그 근처에 이 행성을 공전하는 달이나 우주정거장이 있을지 누가 알겠는가. 우주정거장에 생명체가 있어 별이 죽을 때 어떤 모습이었는지를 우리에게 설명해줄 수 있을까, 상상을 해본다.

24

WISE 0855-0714
고독하게 우주를 누비다

모항성 없이 방랑하는 행성

WISE 0855-0714는 별이 아니다. 이와 같은 천체를 뭐라고 부를지
는 아직 정해지지 않았다. 이런 천체는 그동안 '행성 질량을 가진 갈
색왜성', 'Y형 왜성', '행성 질량을 가진 천체'라 불렸다. '방랑 행성',
'고아 행성', '외톨이 행성'으로 불리기도 하는데, 이 중에선 '외톨이
행성'이라는 말이 제일 잘 들어맞는 듯하다. WISE 0855-0714는 목
성의 세 배 내지 열 배의 질량을 가진 천체로, 태양에서 7.5광년 떨어
진 곳에서 우주를 누비고 있다.

어떤 별에도 속해 있지 않기에 '행성'이라 부르기도 뭣하다. 행성
은 일반적으로 별 주위를 공전하는 천체만을 가리키기 때문이다. 눈
씻고 찾아봐도 WISE 0855-0714 주변에 별은 없다. 이 천체는 외
톨이다. 이처럼 외톨이인 행성이 WISE 0855-0714만 있는 건 아니
다. 어느 별에도 속하지 않은 채 방랑하는 행성이 우리은하에만 무려
4000억 개 정도에 이른다. 우리은하에 속한 별보다 두 배 정도 많은
수다!

이런 행성들의 존재 자체가 놀라운 것은 아니다. 지구나 태양계의
나머지 일곱 행성과 같은 보통 행성들은 젊은 별을 둘러싼 가스와

먼지로 이루어진 커다란 원반으로부터 탄생한다. 원반을 이루는 이런 재료들은 세월이 흐르면서 점점 커다란 천체로 뭉쳐져서 어느 순간 행성으로 탄생한다. 그런데 우리가 그동안 수많은 컴퓨터 시뮬레이션을 통해 알게 된 사실이 있으니, 결과적으로 별 주위에 남게 되는 행성보다 훨씬 많은 수의 행성이 만들어진다는 것이다. 태양도 젊은 시절엔 수십 개의 행성을 갖고 있었을 것으로 예상된다.

하지만 태양계에는 그런 많은 천체가 있을 자리가 없었다. 서로의 중력으로 말미암아 그들의 궤도는 불안정했고 계속해서 충돌이 일어났다. 우리의 달도 45억 년 전 젊은 지구와 다른 행성의 충돌로 말미암아 생겨난 것이다. 지구는 그런 참사를 견디고 살아남았다. 하지만 지구와 추돌했던 화성 크기의 행성은 살아남지 못했다. 초기 행성 여럿은 직접 태양으로 떨어지거나, 거의 충돌할 뻔하다가 태양계로부터 완전히 밀려나버렸다. 이런 혼란스러운 시기가 지나고 우리가 지금 알고 있는 여덟 개의 행성만 남았다. 나머지는 파괴되었거나, 어떤 별에도 속하지 않은 채 혼자서 우주를 방랑하고 있을 것이다.

우리가 그를 볼 수 없었던 이유

우리 태양계에서 일어난 일은 다른 곳에서도 일어났다. 탄생한 젊은 천체들이 곳곳에서 이와 비슷한 혼란스러운 과정을 겪고 자신의 별로부터 내동댕이쳐졌다. 따라서 방랑하는 행성이 아주 많은 것은 놀랄 일이 아니다. 그보다 놀라운 것은, 우리가 그런 행성을 발견할 수 있다는 사실이다.

WISE 0855-0714를 발견한 것은 무엇보다 이 천체가 우리와 아주 가깝기 때문이었다. 이보다 더 태양에 가까운 천체는 알파 켄타우리, 바너드별, 갈색왜성 쌍성 루만 16뿐이다. 방랑 행성은 그를 비춰주는 별은 없지만, 탄생했던 시절의 열기를 내부에 여전히 저장하고 있어 그것을 우주로 방출한다. 그래서 적외선을 희미하게 내뿜는다. 그리하여 이런 열복사를 관측할 수 있는 망원경으로 방랑 행성을 발견할 수 있는 것이다. 2013년 와이즈 우주 망원경이 그 일을 해냈다.

은하수를 누비는 이 많은 방랑 행성 중 하나가 어느 날 잘못해서 지구와 충돌하지 않을까 걱정할 필요는 없다. 방랑 행성은 아주 많지만, 우리은하의 공간은 그보다 더 광활하기 때문이다. 통계적으로 100세제곱광년의 공간당 방랑 행성이 두 개 정도 있을 것으로 추산된다. 즉 충돌 확률이 극히 미미하므로 그냥 무시해도 된다는 것이다. 우주에는 외로운 늑대들이 많지만, 위험하지는 않다.

볼프 359
우주 전쟁의 무대

가상의 세계, 실존하는 별

지구에서 불과 8광년 떨어진 곳에 '볼프Wolf 359'라는 이름의 작은 별이 있다. 40여 대의 우주선으로 구성된 우주 함대가 막대한 손실을 감수하고 그곳에서 지구의 운명을 짊어진 채 최후의 결전을 벌인 덕분에 외계 종족의 침입을 가까스로 막아낼 수 있었다.

이 모든 것은 2367년, 진짜 우주가 아닌 〈스타 트렉〉의 세계에서 일어난 일이다. 볼프 359는 TV 시리즈 〈스타 트렉 넥스트 제너레이션〉에서 우주 함대와 보그 종족 사이에 벌어진 전투의 무대가 되었는데, 이 전투로 인해 지구상의 인류가 완전히 흡수되거나 멸절되는 것을 가까스로 저지할 수 있었다. 그 이후 볼프 359라는 이름의 별은 SF 팬들에게 널리 알려지게 되었다.

진짜 세계에서 볼프 359는 1919년 독일의 천문학자 막스 볼프 Maximilian Wolf의 카탈로그에서 처음으로 등장했다. 그 카탈로그의 359번째 별인 이 항성은 몇 년 뒤, 정말로 태양과 가까운 이웃임이 밝혀졌다. 볼프 359보다 태양에 더 가까운 별은 켄타우루스자리의 별들과 바너드별 정도밖에 없다. 그러나 작고 굉장히 희미한 빛을 내는 볼프 359는 육안으로는 보이지 않는다.

〈스타 트렉〉의 팬들은 장 룩 피카드 선장이 보그에게 잡히는 가상의 우주 전쟁에 더 재미를 느끼겠지만, 볼프 359는 밝기의 변화 때문에 천문학자들에게 늘 관심의 대상이었다. 볼프 359는 밝기가 변하는 변광성이었는데, 밝기가 변한다는 것은 별 내부에서 파란만장한 일들이 일어나고 있음을 뜻했다.

영감을 주고받는 사이

천문학은 SF과 서로 영감을 주고받는다. 볼프 359만 해도 여러 SF 소설과 영화, 컴퓨터 게임에 등장했다. 또한 이 밖에 많은 다른 별이나 행성도 다양한 이야기의 무대가 되었다. 세계에서 가장 방대하고, 가장 오래 연재된 SF 시리즈도 실제 행성을 무대로 펼쳐진다. 《페리 로단》 시리즈(독일 공상과학소설 시리즈로 수많은 작가들에게 영감을 준 작품이다.-옮긴이)의 한 에피소드에선 주인공이 동료와 함께 금성에 간다. 이 시리즈의 세계에서 금성은 따뜻한 정글 행성인데, 식물이 우거져 있고 많은 생물이 거주한다. 공룡과 비슷한 거대한 몸집의 동물들도 있다.

이 이야기가 쓰인 1961년에도, 금성에 공룡 같은 동물이 없을 거라는 건 어느 정도 확실한 사실이었다. 하지만 금성의 형편이 어떤지, 어떤 모습인지는 정확히 알지 못했다. 우주여행 시대의 막은 올랐지만, 탐사선이 금성에 최초로 착륙한 것은 그 이후의 일이었다. 금성이 지구만 한 크기라는 것, 태양에 좀 더 가깝다는 것까진 알려져 있었지만, 금성이 두꺼운 구름층으로 둘러싸여 있어서 표면의 모습은 지구에서 관측할 수 없었다. 1956년 학자들에 의해 금성의 표면 온도가 굉장히 높다는 사실도 어느 정도 밝혀진 상태였다. 하지만 그래도 1961년에는 금성이 지구보다 약간 더 더울 뿐, 고로 금성에 지구의 생명체와 비슷하게 생긴 생명체가 있을지도 모른다는 상상은 여전히 터무니없게 느껴지진 않았다.

《페리 로단》에 나오는 정글 행성은 당시 말 그대로 공상 과학이었다. 당시의 학문 수준에 근거해도 가능한 상상이었던 것이다. 이런 상상이 훗날 완전히 틀린 것으로 판명되는 일은(오늘날 우리는 금성의 표면 온도가 400도 이상이라 생명체가 존재할 수 없다는 걸 알고 있다.) 비극이 아니다. 바로 이것이 이런 게임에서 학문이 담당하는 역할이기 때문이다. SF가 과학에서 영감을 얻는 것처럼 과학도 SF의 상상으로부터 자극을 받는다.

《페리 로단》을 비롯하여 다양한 SF 모험극에 자극을 받아 시작된 천문학 연구가 많다. 한편 과학은 SF 주인공들에게 체험의 무대를 제공한다. 이처럼 환상과 현실 사이의 생산적인 상호작용은 현실 세계와 가상 세계를 위해 새로운 인식들을 공급해주고 있다. 어쨌든 과학과 SF는 같은 모토를 공유한다. 바로 "아무도 가지 않은 곳에 대담하게 가라!"는 모토 말이다.

인류는 수천 년 동안 하늘을 올려다보며
우주에 대해, 우주 속 인류의 역할에 대해 숙고해왔다.

$$\textcircled{26}$$

SN 1990O

암흑 에너지, 풀리지 않은 수수께끼

우주 팽창의 한계를 찾아서

상황은 비교적 간단하다. 우주는 138억 년 전에 팽창하기 시작했다. 하지만 우주에는 물질이 많기에, 이런 팽창에는 어느 정도 한계가 있을 터였다. 수천억 개의 별을 거느린 은하들이 수조 개가 되니 이들이 중력을 행사하면 세월이 흐르면서 팽창 속도가 느려질 것이기 때문이다. 물질이 팽창하는 우주를 잡아끌면, 우주는 추진력을 잃을 것이다.

논리는 꽤 간단하다. 그런데 중력은 얼마나 강하게 팽창을 저지할까? 1990년대에 천문학자들이 이 수수께끼를 밝혀내기 위해 나섰다. 그런데 어떻게 규명할 수 있을까? 이것이 문제였다. 우주의 팽창을, 무엇보다 과거의 팽창 속도를 어떻게 측정할 수 있을까?

이를 위해 우선은 다수의 Ia형 초신성 폭발이 필요하다. 생애를 마친 별인 백색왜성이 잠시 다시 살아날 때 생겨나는 일을 초신성 폭발이라 한다. 백색왜성은 우리 태양처럼 작은 별이 내부에서 진행되는 핵융합을 위한 연료를 다 소비하고 남은 잔재다. 즉 연료를 다쓰고 자신의 중력으로 말미암아 붕괴해버린 별이다. 밀도가 극도로 높아진 상태로 그냥 식어가는 것 말고는 별다른 것을 할 수 없는 신

세다.

그런데 이런 백색왜성이 쌍성雙星을 이루고 있고 두 별의 위치가 상대적으로 가깝다면, 백색왜성이 상대 별의 물질을 흡수하여 질량이 커지는 일이 일어날 수 있다. 그렇게 질량이 커지다 특정 경계선을 넘어서면 극적으로 핵융합이 다시금 시작된다. 그러면 이제 백색왜성은 빛을 발하기 시작하는데, 그 전보다 훨씬 밝게 빛난다. 핵융합을 조절하지 못하고 미친 듯이 에너지를 분출하여 결국 어마어마한 폭발로 생애를 마치게 되는 것이다.

이런 초신성이 천문학 연구에 상당히 유용한 것은 초신성 폭발이 늘 같은 질량에서 일어나고 밝기도 거의 비슷하기 때문이다. 폭발이 늘 비슷하게 진행되어, 지구에서 그것이 얼마나 밝게 보이는가는 거리에 의해서만 좌우된다. 그리고 폭발이 상당히 강력하기에 아주아주 먼 거리에서도 관측할 수 있다. 심지어 다른 은하에서 일어나는 초신성 폭발도 볼 수 있다.

그리고 초신성 폭발에서 나오는 빛을 그 초신성까지의 거리 계산 외에 다른 연구에도 이용할 수 있다. 근처를 지나가는 구급차의 사이렌 소리 높낮이가 변화하는 것처럼, 우리에게서 멀어져 가는 광원의 빛도 변화하기 때문이다. 원칙은 같다. 다만 이 경우에는 음파가 아니라 빛이 변화하는 것이고, 음높이가 아니라 빛의 색깔이 변화한다. 그리고 별이 우리에게서 빠르게 멀어져 갈수록 더 많이 변화한다.

이런 초신성 폭발을 통해 우리는 그 별이 얼마나 멀리 있는지, 그리고 얼마나 빠르게 우리에게서 멀어져가는지를 가늠할 수 있다. 그런데 여기서 멀어져 가는 움직임은 대부분 백색왜성이 우주 안에서 진짜로 움직이는 것이 아니라, 우주 팽창으로 말미암은 움직임이다. 천체가 멀리 있을수록 그 빛이 우주를 통과해 우리에게 오기까지 시간이 더 오래 걸리므로, 그만큼 우리가 보는 빛도 더 오래된 것이다. 따라서 멀리서 일어나는 초신성 폭발을 통해 우리는 과거에 우주가 얼마나 빠른 속도로 팽창했는지를 엿볼 수 있다. 그리고 서로 다른 거리에 있는 초신성 폭발들을 다수 관측하게 된다면, 우주 팽창 속도가 세월이 흐르면서 얼마나 더 느려졌는지를 알 수 있는 것이다.

팽창을 가속화하는 어떤 에너지

그리하여 1990년대 두 연구팀이 서로 독립적으로 초신성 폭발을 연구했다. 연구팀이 관측한 첫 초신성 폭발은 1990년 헤르쿨레스자리의 눈에 띄지 않는 은하에서 일어난 것이었다. 그 빛은 4억 년 이상을 달려 우리에게 이르렀다. SN 1990O라는 이름의 초신성에 이어 서로 다른 거리에 있는 은하들에서 수십 개의 초신성 관측이 이어졌다.

그런데 이 두 팀의 연구 결과는 지금까지 생각해왔던 모델과 완전히 배치되었다. 데이터들이 우주의 팽창 속도가 점점 느려지지 않고 있다고 말해주는 것이다. 오히려 반대였다. 팽창 속도는 점점 빨라지고 있었다! 이것은 당시 아무도 예상하지 못했던 발견이었다. 그러나 두 연구 팀이 독립적으로 그 사실을 발견했으며, 그 이후로 계속해서 이러한 사실이 확인되고 있다.

그러니까, 무엇인가가 우주 팽창 속도를 계속 빨라지게 하고 있다는 것인데, 그것이 무엇인지는 아직까지 천문학의 커다란 수수께끼로 남아 있다. 학자들은 이런 현상에 '암흑 에너지'라는 이름을 붙였다('암흑 물질'과는 무관하다). 암흑 에너지가 존재한다는 것은 결국 의심할 바 없는 사실로 확인되었고, 이를 발견한 학자는 2011년 노벨 물리학상을 받았다.

그러나 이렇듯 우주 팽창 가속화의 원인인 암흑 에너지의 정체는 아직 밝혀지지 않았다. 현재로서는 우주의 '빈' 공간에 일종의 에너지가 숨어 있는 것으로 보인다고밖에 말할 수 없다. 세월이 흐르면서 우주는 더 커졌고 에너지도 더 많이 존재하게 되었으며, 이 에너지가 우주의 팽창을 가속화하고 있다. 하지만 그 에너지가 왜 그렇게 작동하는 것인지, 어디서 온 것인지는 지금으로서는 아무도 알지 못한다. 수수께끼 같은 암흑 에너지의 정체는 당분간 풀리지 않은 채 남을 전망이다.

알골
악마의 별

까닭을 알 수 없는 불길함

알골은 이미지가 좋지 않다. 지구에서 90광년 떨어진 이 별은 페르세우스자리에서 밝게 빛나서 육안으로도 볼 수 있는데, 예로부터 여러 가지 이름으로 불렸다. 고대 그리스에서는 이 별을 그리스 신화에 나오는 고르곤이라는 흉측한 괴물의 이름을 따서 '고르고네아 프리마Gorgonea Prima'라고 불렀다. 이 괴물 자매는 머리에 머리카락 대신 뱀이 달려 있으며, 이들이 쳐다보는 사람들은 모두 돌로 변한다. 이 별의 아랍어 이름은 '악마의 머리'라는 뜻의 '라스알굴Ra's al Ghul'로, 나중에 줄여서 '알골Algol'이 되었다. 알골은 '악마의 별' 또는 '벅베어Bugbear'(웨일스 지방에 부모의 말을 듣지 않는 나쁜 아이들을 잡아먹는다고 알려진 요정의 일종)라고도 불렸으며, 중세 점성학에서는 불길한 별에 속했다.

이 별의 평판은 왜 그리 좋지 않았을까? 왜 하늘의 모든 별 중 하필 알골만 괴물일까? 이것은 그가 규칙을 지키지 않기 때문이다! 하늘의 다른 별들은 모두 안정적으로 빛을 발하는데, 알골은 빛이 변화하는 것처럼 보인다. 장비가 없어도 뚜렷이 분간할 수 있을 만큼 밝아졌다 어두워졌다 하는 것이다. 3일 동안에도 상당히 커다란 밝기의 변화를 보여서 2000년 전 사람들이 겁을 집어먹고 잠을 못 이룰 정도였다. 당시에는 하늘에서 대체 무슨 일이 일어나는지 상세히 몰랐기 때문이다. 별이 무엇인지도 제대로 알지 못했다. 하늘은 신비하고 신화적인 상상의 세계의 일부였고, 적잖은 사람들이 하늘에서 일어나는 일들을 신들의 메시지로 여겼다. 별을 탐구하며 미래를 내다보았고, 중요한 사건을 점쳤으며, 언제 재앙이 닥칠지, 언제 전쟁과 죽음, 파멸이 덮칠지를 예상했다. 그리하여 가만히 있지 못하고 밝아졌다 어두워졌다 하며, 다른 별들과는 완전히 다르게 행동하는 알골과 같은 별들은 인간들로 하여금 특별한 관심을 자아냈을 뿐 아니라, 사람들을 굉장히 불안하게 만들었다.

식변광성의 대명사가 된 알골

오늘날 우리는 알골의 밝기가 왜 변하는지를 알고 있다. 악마나 괴물의 힘에 의해서가 아니라, 사실 알골은 하나의 별이 아니기 때문이다. 알골은 삼중성이다. 삼중성계 안에서 두 별이 아주 가까이에서 서로를 돌고 있는데, 그중 하나는 아주 크고 우리의 태양보다 100배는 더 밝은 반면 다른 하나는 훨씬 빛이 약하다. 그리하여 이 두 별이 지구에서 보기에 나란히 있을 때면 알골이 방출하는 대부분의 빛이 우리에게 이른다. 그러나 두 별이 중첩되어 하나가 다른 하나를 가릴 때면 밝기가 감소한다. 그러니까 별 내부에서 일어나는 일 때문이 아니라, 세 별이 번갈아가면서 서로를 가리기에 나타나는 밝기의 변화였다. 이런 현상은 누누이 관측되기 때문에 알골은 이런 식변광성의 대명사가 되었다.

한편 알골의 이상한 행동이 3000년 전에도 사람들을 놀라게 만들었다는 증거가 있다. 1943년 이집트의 파피루스 문서에서 '택일 달력'이라는 것이 발견되었다. 이것은 길일과 흉일을 모아놓은 달력으로, 이 달력을 자세히 살피면 길일과 흉일이 2.9일 주기로 교대된다는 걸 알 수 있는데, 알골의 밝기 변화 주기와 상당히 정확히 맞아떨어진다.

물론 그냥 우연일 수도 있다. 그러나 이 별을 당시 사람들이 길흉을 알려주는 메신저로 여겼을 수도 있는 일이다. 나쁜 이미지를 너무 오랫동안 달고 다니다 보면 그것을 다시 떨쳐버리기는 굉장히 힘든 법이다.

북극성

하늘의 길잡이

중심을 지키고 있는 붙박이별

북극성이 가장 밝은 별이라는 소리가 여전히 들려오지만, 사실 북극성은 밤하늘에서 가장 밝은 별은 아니다. 밝기로 따지면 북극성은 47번째밖에 되지 않는다. 북극성의 명성은 사실 밝기보다는 그 위치에서 연유하며, 그 위치는 지구의 움직임으로 말미암는다.

작은곰자리 알파성Alpha Ursae Minoris, 또는 폴라리스Polaris 라고도 불리는 북극성은 지구에서 430광년 떨어져 있다. 망원경으로 북극성을 아주 자세히 관찰하면, 원래 삼중성임을 알 수 있다. 우리가 육안으로 뚜렷이 볼 수 있는 별은 세 별 중 가장 뜨겁고 커다란 별로, 태양보다 2000배나 밝게 빛나고 있다. 그 곁에 난쟁이 별이 있고, 이 두 별을 세 번째 별이 돌고 있는 형태다.

그러나 북극성을 정말로 특별하게 만드는 것은 하늘에서 그가 자리하고 있는 위치이다. 지구의 자전축을 연장하여 그 북쪽 끝이 하늘에 이르게 하면, 상당히 정확히 북극성이 있는 지점과 만난다. 이 하늘의 '북극점'을 중심으로 하룻밤 동안 모든 별이 도는 것처럼 보인다. 사실 별들이 도는 게 아니라 지구가 자전하기에 모든 별이 북극성을 중심으로 도는 것처럼 보이는 것이지만 말이다. 북극성만이 유일하게 움직이지 않는 붙박이별처럼 보인다.

그리하여 폴라리스는 나침반 없이 북쪽을 찾을 때 아주 유용하다. 이런 실제적인 중요성은 북극성을 부르는 다양한 옛 이름들에 반영된다. 옛 영국에서는 북극성에 '배의 별Ship Star'이라는 뜻의 'scip-steorra'라는 이름을 붙였다. 항해자들이 대양 한가운데에서 북극성을 기준으로 길을 찾았기 때문이다. 이 같은 이유에서 북극성은 'lodestar', 즉 길잡이 별이라고도 불린다. 인도에서는 북극성을 '드루바dhruva'라고 불렀는데, '붙박이별' 혹은 '움직이지 않는 별'이라는 뜻이다.

시대에 따라 달라지는 북극성

북극성이 고정되어 있어 항해할 때 믿을 만한 안내자로 보일지라도, 마냥 북극성만 믿고 있을 수는 없다. 지구의 자전축이 고정되어 있지 않기 때문이다. 달과 태양이 지구에 미치는 중력으로 말미암아 자전축이 가리키는 방향이 달라진다. 자전축은 작은 원형을 그리며 회전하는데, 이를 자전축의 세차운동이라고 한다. 현재는 자전축의 끝이 우연히, '거의' 정확하게 북극성이 있는 방향을 가리키고 있지만, 기원전 4세기까지만 해도 그렇지 않았다. 그리스의 지리학자 피테아스Pytheas는 하늘의 북극이 별과는 상관없는 것으로 묘사했는데, 당시에는 정말 지구의 자전축이 다른 방향을 가리켰다. 고대 중국의 천문학에서는 우리가 오늘날 '코카브Kochab'라 부르는 별을 '북극의 두 번째 별'이라는 뜻의 '北極二'라고 불렀다. 실제로 2000년 전에서 3000년 전까지 이 별은 현재의 북극성보다 하늘의 북극에 더 가까웠다.

인류는 그보다 더 이른 시대에는 '투반'이라는 별(용자리 알파성)을 북극성으로 활용했다. 용자리의 이 커다란 별은 기원전 3942년에서 기원전 1793년까지 하늘의 북극점에서 가장 가까운 별이었고, 오늘날 북극성보다 더 가까웠다.

더 거슬러 올라가면 헤르쿨레스자리 타우성Tau Herulis이나 베가가 북극성 역할을 했다. 이 별들은 언젠가 다시 그런 역할을 하게 될 것이다. 22세기까지는 아직 자전축의 방향이 현재의 북극성에 근접할 것이다. 그러고 나면 이제 슬슬 케페우스자리 감마성Gamma Cephei이나 알데라민(케페우스자리 알파성)이 그런 역할을 넘겨받을 것이다. 그런 다음 1만 2000년 정도 지나면 다시 베가 차례가 될 것이다. 자전축의 세차운동은 약 2만 5700년 주기로 이루어진다. 그리하여 북극성이 다시금 오늘날과 같은 역할을 맡을 수 있기까지는 그 정도의 시간이 걸릴 전망이다. 지구의 자전축이 이렇게 운동할 거라는 건 굉장히 믿을 만한 사실이다. 하지만 그때 누군가 지구에서 하늘의 북극점을 올려다볼 수 있을지는 미지수다.

29

TYC 278-748-1
소행성의 그림자

별의 크기 측정

별은 얼마나 클까? 물론 엄청나게 크다는 건 확실하다. 그러나 천문학에서는 얼마나 큰지 정확히 알고자 한다. 큰 별도 있고 작은 별도 있다. 우리가 각각의 별을 이해하고자 한다면, 그들의 크기를 가능한 한 정확히 규명해야 할 것이다. 일단, 별은 하늘의 광점으로만 보인다. 가까이 있는 별들이라면 거대한 망원경을 동원해 직접 측정할 수 있겠지만, 천문학자들은 원하는 데이터에 이르기 위해 돌아 돌아 가는 것을 마다하지 않는다.

TYC 278-748-1이라는 카탈로그 번호를 부여받은 별은 이를 보여주는 좋은 예다. 이 별은 처녀자리에 있는 별로 2018년 5월 22일까지는 그다지 눈에 띄지 않았다. 그런데 이날 지름 88킬로미터의 소행성 페넬로페Penelope가 이 별을 가렸다. 물론 이런 일은 늘 일어난다. 하늘에는 별과 소행성이 적지 않으니 말이다. 지구에서 보면 거의 일주일에 한 번씩 가까이 있는 태양계의 암석 덩어리가 어느 별을 지나가는 일이 발생한다.

그런 일이 있을 때 별빛은 전등 빛이 꺼지듯 단숨에 꺼지지 않는다. 지구에서 보면 그냥 점처럼 보이지만, 별은 상당히 큰 천체이므로 소행성이 그 별을 완전히 덮기까지 약간 시간이 걸린다. 소행성과 별이 만나서 소행성이 별빛을 완전히 덮기까지 소요되는 시간은 소행성의 운동 속도와 별의 크기에 달려 있다.

밝기 변화를 이용한 새로운 측정 방법

그러나 광학적 효과 때문에, 즉 별빛의 회절 때문에 별이 소행성에 가려 빛을 잃어가는 동안 별 크기를 직접 측정할 수는 없다. 빛의 회절은 빛 파동이 장애물을 만날 때마다 일어나는 현상이다. 이때 빛의 일부가 장애물을 에돌아갈 수 있으며, 이로 말미암아 소행성의 그림자가 명확하지 않게 나타난다. 그림자 안쪽 영역이 밝은 파동과 어두운 파동을 가진 빛 패턴으로 둘러싸인다. 이런 현상 때문에 우선은 별빛이 완전히 사라질 때까지 얼마나 걸리는지를 정확히 측정하는 것은 불가능하다. 그러나 소행성이 별 앞으로 지나가는 동안에 빛 패턴이 변화하는 방식으로부터 광원의 지름이 얼마나 되는지는 계산할 수 있다.

단, 충분한 데이터가 있어야 한다. 빛을 잃어가는 별의 밝기를 초당 수백 번 측정해야 한다. 아주 짧은 파장에만 집중하면 이것은 특히나 유용하다. 가령 여타 모든 전자기파처럼 별도 감마선을 방출한다. 그러나 감마선을 관측하려면 약간 애를 먹어야 한다. 지구 대기가 감마선을 통과시키지 않기 때문이다. 감마선은 우리의 생체 조직과 DNA를 크게 손상할 수 있기 때문에 이는 좋은 일이긴 하지만, 천문학에서는 성가신 일이다. 결국 감마선을 직접 관측하려면 망원경을 우주로 보내야 하기 때문이다.

그리하여 천문학자들은 종종 그렇듯 간접적인 방법을 활용한다. 감마선이 공기 중 분자와 충돌하면 전자 같은 입자들이 생겨나는데, 이런 입자들은 매우 빠르게 운동한다. 빛을 능가할 수 있을 정도로 빠르다. 빛은 대기 중에서는 진공에서보다 확산 속도가 조금 느려진다. 진공에서 빛은 일정하게 초속 29만 9792.458킬로미터로 전진하지만 공기나 물, 다른 매질을 가로지를 때는 브레이크가 걸린다. 그리하여 입자들이 그런 매질에서 빛보다 더 빠르게 운동하게 되면 그런 입자들은 아주 밝은 섬광을 만들어낸다. 그러면 지표면의 특수 망원경으로 이를 관측하여, 어디서 어느 만큼의 감마선이 왔는지를 측정할 수 있다.

2018년 5월 22일 TYC 278-748-1이 소행성에 의해 가려졌을 때 애리조나주 프레드 로렌스 위플 천문대의 베리타스VERITAS 망원경은 바로 이런 관측을 해냈다. 이 천문대의 망원경들은 초당 300회 이상 별빛의 밝기를 측정했고, 소행성에 가려져 어두워지면서 나타나는 밝기 변화를 토대로 별의 크기를 매우 정확하게 계산할 수 있었다. 이 별의 크기는 정확히 태양의 2.173배로, 지금까지 측정된 별 중 가장 작은 별이었다. 추후 망원경 네트워크와 관찰 방법이 개선된다면 앞으로 더 많은 별의 크기를 정확히 측정할 수 있을 것이다.

30

SS 레포리스
빼앗은 별과 빼앗기는 별

별을 흡수하는 우주의 뱀파이어

브램 스토커의 《드라큘라》, 스테파니 메이어의 《트와일라잇》, 영화 〈반 헬싱〉과 〈언더월드〉. 뱀파이어 이야기는 꽤 오래전부터 인기를 끌어왔다. 그런데 우주에도 뱀파이어 비슷한 게 있다. 우주의 뱀파이어는 문학 작품에 등장하는 뱀파이어보다 훨씬 더 크고 야만적이다. 이야기 속 뱀파이어가 몇 모금의 피를 필요로 하는 반면, 우주의 뱀파이어는 1초에 60조 톤 이상의 물질을 먹어버린다. 물론 간단하게 진행되지는 않는다. 그렇게 엄청난 양의 식사를 하려면 스스로도 큰 별이어야 하고, 그에 걸맞게 흡입할 물질이 많은 커다란 희생물을 가지고 있어야 한다.

이런 쌍을 하늘에서 찾을 수 있다. 흡혈과는 전혀 관계없어 보이는 순한 이름의 토끼자리에서 말이다. 토끼자리에는 서로를 돌고 있는 두 별이 있다. 바로 쌍성 SS 레포리스SS Leporis, 17 Leporis 다. 둘 중 하나는 크고 온도가 낮은 별이고, 다른 하나는 작고 뜨거운 별인데, 지금까지 작은 별이 큰 별이 원래 갖고 있던 질량의 절반 정도를 흡수해왔다.

별에게서 물질을 강탈하는 일은 결코 쉬운 일이 아니다. 별은 크고, 질량이 어마어마하기에 중력으로 자신의 물질을 꼭 붙잡고 있기 때문이다. 그렇다면 어떻게 그런 일이 벌어지는 걸까? 별이 별일 수 있으려면 빛을 발해야 하는데, 이를 위한 에너지는 내부의 핵융합을 통해 만들어진다. 그러면 복사선은 별의 물질들을 밀치고 별의 중심으로부터 밖으로 나가게 된다. 나이가 든 별일수록, 고온의 별일수록 이런 복사압은 더 크다. 그리하여 오래된 별들이 부풀어 올라 점점 더 커지게 되는 것이다.

그러다 보면 어느 순간 별은 너무 많이 부풀어 올라서 중력이 표면층 물질을 붙잡고 있기에 충분치 못하게 된다. 별이 부풀어 이른바 '로슈 한계'(프랑스의 천문학자 에두아르 알베르 로슈Edouard Albert Roche의 이름을 딴 것)를 넘어서면 이런 일이 일어난다. 이때 주변에 우연히 두 번째 별이 있으면, 이 두 번째 별이 자신의 중력으로 로슈 한계를 넘어선 별에서 이탈하는 물질을 자신 쪽으로 끌어오게 된다.

로슈 한계에 이르지 않았음에도

오랫동안 사람들은 SS 레프리스에서 바로 이런 일이 일어난다고 생각했다. 하지만 2010년 유럽 남방 천문대의 거대 망원경으로 정확히 살펴본 결과, 이 별에서는 약간 더 복잡하게 진행된다는 것을 확인했다. 여기서 큰 별은 매우 부풀어 커진 상태이긴 하지만, 아직 로슈 한계에까지 이를 정도는 아니다. 자신의 중력으로 충분히 물질들을 붙잡아둘 수 있는 정도인 것이다.

그러나 별들은 그냥 고요하게만 빛을 발하는 것이 아니다. 계속해서 별의 표면에서 '플레어'라고 하는, 일종의 폭발이 일어나 많은 양의 물질이 우주로 방출된다. 이렇듯 물질이 우주 공간으로 쏟아져 나오는 것을 '항성풍'이라고 부르는데, 이런 현상이 SS 레포리스의 커다란 파트너에게서 특히나 강하게 나타나는 듯하다. 그리하여 그 곁에 있는 작은 '뱀파이어 별'이 상대별이 우주로 뱉어내는 물질들을 모두 끌어오고 있다. 뱀파이어 별은 큰 별이 자발적으로 내주는 물질만을 공급받고 있는 것이다.

그러므로 SS 레포리스 별들의 관계는 드라큘라 백작처럼 나쁜 뱀파이어와 그의 희생자들 간의 관계와는 사뭇 다르다. 오히려 오늘날 10대들을 위한 현대의 판타지 소설에서 여자 주인공이 꽃미남 뱀파이어에게 자신의 피를 희사하는 관계와 비슷하다고 할 수 있다.

31

L1448-IRS2E
탄생하는 별

정역학적 평형, 그 균형이 깨질 때

모든 별 중 막내 별이 뭐냐고 묻는 건 약간 뭣한 일이다. 별은 지금 이 순간에도 끊임없이 탄생하고 있으니 말이다. 우리은하에서도 매년 몇 개의 별이 탄생한다. 그러나 막 탄생하는 별을 관측하는 건 쉬운 일이 아니다. 그러므로 2010년 바야흐로 별로 탄생하고 있는 L1448-IRS2E를 관측한 것은 천문학적인 행운이라 할 수 있다. 천문학자들은 당시 가스와 먼지로 이루어진 페르세우스 분자 구름을 관측했다. 이것은 상당히 신선하고 희망적인 관측이었다. 그도 그럴 것이 지구에서 850광년 떨어져 있는 페르세우스 분자 구름에서는 막 새로운 별들이 탄생하고 있기 때문이다.

스스로에게만 맡겨두면 이런 커다란 가스 구름에서는 그다지 많은 일이 일어나지 않는다. '정역학적 평형'을 이루고 있기 때문이다. 구름은 중력으로 말미암아 중심부로 수축하려는 한편, 구름 속의 가스 원자들은 서로 충돌하여 중력을 거스르는 압력을 행사한다. 그리하여 이 두 힘이 균형을 이룬다.

이런 균형에 변화가 생기고 별이 탄생하기 위해선 다음 두 가지 중 한 가지 일이 일어나야 한다. 첫 번째는 구름의 중력이 임계치를 넘어서, 가스 원자들의 압력이 중력을 제어할 수 없게 되어 중심부로 수축이 시작되는 것이다. 두 번째는 구름이 외부로부터 방해를 받는 것이다. 가령 다른 별이 구름 근처를 지나갈 때, 그 별의 중력으로 말미암아 구름의 물질이 뭉쳐질 수 있다.

그런 일이 일어나면 구름은 중력 수축을 시작한다. 수축이 어느 정도까지 진행될 것인지는 구름이 에너지를 얼마나 빠르게 내보낼 수 있느냐에 달려 있다. 구름이 수축하는 중에 구름의 운동에너지는 열에너지로 변환되어 구름 내부는 점점 더 뜨거워지고, 열기가 바깥으로 방출된다. 이때 열복사가 가스 덩어리를 뚫고 나갈 수 있는 한, 구름은 그냥 구름으로 남는다. 구름 중심부의 밀도가 높아지지만, 더 뜨거워지지는 않는다. 하지만 중심부의 밀도가 어느 순간 너무 높아지면 열에너지는 더 이상 빠져나가지 못하게 된다. 그러면 이제 중심부의 온도가 높아져서 가스 원자들의 운동이 점점 빨라지고, 그러다 중력과 복사압 사이에 새로운 균형이 이루어지면, 구름의 붕괴가 끝난다.

최초의 정역학적 핵

이런 방식으로 수천 년 뒤에 생겨나는 것은 굉장히 차갑고, 절대영도보다 불과 몇십 도 높은 정도의 '최초의 정역학적 핵'이다. 그러나 이것은 아직 진짜 별과는 상당히 거리가 먼 상태다. 진짜 별이 되기 위해서는 중심이 더 수축하고 더 뜨거워져야 한다. 이론적인 모델을 통해 우리는 그런 첫 번째 핵이 있을 거라는 걸 알고 있다. 그러나 이를 관측하는 건 쉽지 않다. 이런 과도기적인 핵은 거의 빛을 발하지 않고, 열복사도 미미하기 때문이다. 이런 상태가 수백 년에서 수천 년 정도 이어지다가 '원시별', 그리고 진짜 별의 단계를 밟아가게 된다.

그리하여 예일 대학교의 쉐펑 천Xuepeng Chen 팀은 L1448-IRS2E을 만났을 때 굉장히 기뻐했다. 이 천체는 원시별로 보기에는 방출하는 복사 에너지가 너무 적었다. 그러나 L1448-IRS2E의 중심으로부터 높은 속도로 흘러나오는 가스를 관측할 수 있었다. 이런 일은 수축하는 구름의 중심부에 충분히 밀도 높은 핵이 존재하고, 그 핵이 이미 자신의 자기장을 가지고 있을 때만 일어날 수 있다. 구름 외부의 물질이 이런 밀도 높은 내부 핵으로 모여들면, 자기장을 통해 일부는 다시 바깥쪽으로 흘러나가게 되기 때문이다.

따라서 이들이 관측한 것은 최초의 정역학적 핵이 틀림없다. 진짜 별이 되려면 아직 멀었지만, 그냥 단순한 우주 가스 구름은 아닌 상태. L1448-IRS2E는 별이 되기 위한 첫 단계를 성공적으로 밟았다. 그러나 아직 먼 길을 가야 한다.

32

네메시스
보이지 않는 태양의 동반성

태양은 사실 쌍성을 이루고 있다?

네메시스가 공룡 멸종을 불러왔으며, 이런 죽음의 별이 다시 지구에 대량 멸종을 초래하는 건 시간문제다. 1984년 천문학자 마크 데이비스Marc Davis, 피에트 헛Piet Hut, 리처드 뮬러Richard Muller 는 이런 드라마틱한 주장을 했다. 6500만 년 전에 공룡 대멸종을 불러왔던 소행성 충돌이 일회성이 아니라는 것이었다. 그런 전 지구적 재앙은 평균 2600만 년에 한 번씩 일어나며, 그것의 유발자는 아마도 아직 발견되지 않은 태양의 동반성 네메시스일 것이라는 주장이었다.

이것은 완전히 말도 안 되는 이론처럼 들린다. 그러나 이런 주장을 하는 학자들은 그들의 주장을 뒷받침하는 근거를 가지고 있었다. 고생물학자 데이비드 라우프David Raup 와 잭 셉코스키Jack Sepkoski 는 수억 년 전의 화석을 연구한 뒤 대량 멸종이 약 2600만 년 간격으로 나타나는 듯하다고 발표했다. 뮬러와 지질학자 월터 앨버레즈Luis Walter Alvarez 역시 지구의 충돌 분화구의 연대 측정에서 비슷한 주기를 발견했다. 어떤 이유로 지구가 규칙적인 간격을 두고 소행성이나 혜성과 충돌하고 있는 것으로 보였다. 그리하여 이런 충돌을 일으키는 원인으로 네메시스가 지목되었던 것이다.

주기적인 충돌의 메커니즘을 찾는 것은 쉬운 일이 아니었다. 지구와 작은 천체의 충돌은 우연적인 사건으로 이렇다 할 패턴을 따를 수가 없을 것이다. 하지만 만약 태양이 쌍성 중 하나라면 어떨까? 뮬러는 그렇게 물었다. 이런 생각은 그리 이상한 것이 아니다. 우주의 별 대부분이 혼자 존재하지 않고, 하나 또는 여러 개의 별과 짝을 이루고 있기 때문이다. 우리의 고독한 태양은 오히려 예외적인 경우다. 그러므로 태양에게도 짝이 있을지도 모른다. 다만 그 별이 아주 멀리 떨어져 있어서, 굉장히 긴 시간을 두고 태양과 공전할 수도 있고, 그러면서 때때로 '오르트 구름' 근처까지 갈 수도 있다. 오르트 구름은 지구보다 수십, 수백 배 더 먼 태양계 외곽 지역에서 둥근 껍질처럼 태양계를 감싸고 있는 무수한 암석과 얼음 덩어리의 집합을 말한다.

오르트 구름을 이루는 작은 천체들은 태양계가 만들어질 때 사용되고 남은 '건축 자재'들로, 보통은 우리에게 방해가 되지 않는다. 그냥 자신들의 자리에 그대로 있고, 우리에게 다가오지 않기 때문이다. 가상의 동반성이 오르트 구름 근처를 지나가며 자신의 중력으로 그 구름을 휘저어놓지 않는다면 말이다. 하지만 만약 태양의 동반성이 그런 일을 한다면 소천체 몇 개는 자신의 궤도를 벗어나 태양계 내부로 들어와 지구에 접근할 수 있고 그 결과 원래보다 더 많은 소행성 충돌이 일어날 수 있다. 그리고 이런 일은 네메시스가 태양을 돌다가 오르트 구름에 근접할 때마다 일어날 것이다.

그래서 네메시스는 어디 있는가

하지만 그렇다면 우리가 네메시스를 관측할 수 있어야 하지 않을까? 별은 빛나지 않는가. 게다가 태양의 동반성이라면 그리 멀지 않은 곳에 있을 텐데, 아직까지 이렇게 눈에 띄지 않고 숨어 있을 수가 있을까? 물론 불가능한 일은 아니다. 별의 거리를 규정하는 것은 그리 쉬운 일이 아니며 무엇보다 굉장히 약한 빛을 내는 작은 별은 찾기도 힘들다. 네메시스가 관측 사진에 이미 여러 번 등장했지만, 무수한 광점 가운데 눈에 잘 띄지 않는 하나의 점으로 나타나 분간하기 쉽지 않았을 수도 있다. 특별한 이유도 없이 모든 별의 거리를 계산하는 것은 너무 낭비니까 말이다. 최소한 1980년대까지의 상황은 그러했다. 그런데 요즘에는 훨씬 성능 좋은 우주 망원경이 많은 별의 위치와 거리를 측정하고 있다. 그러므로 정말로 네메시스가 있다면, 그동안 분명히 발견되었을 것이다.

물론 운이 없었거나, 네메시스의 빛이 생각보다 훨씬 희미해서 분간하지 못했을 수도 있다. 하지만 아직도 네메시스가 발견되지 않은 것은 네메시스가 실제로 존재하지 않기 때문일 가능성이 크다. 현재까지 이 주장이 가장 신빙성 있는 설명으로 여겨지고 있는데, 화석 표본과 충돌 분화구의 연대를 더 정확히 분석한 결과 2600만 년이라는 주기도 의심스러워졌기 때문이다. 그리하여 네메시스는 가상의 항성으로 입증되었고 우리의 태양은 동반성 없이 우주를 누비는 외로운 별로 남았다.

(33)

Navi
한 우주 비행사의 농담

장난삼아 지은 이름

1960년대 미국의 우주 비행사들이 우주여행을 계획하고 1969년 끝
내 달에 착륙하기까지, 우주 비행사들은 우주선은 물론 하늘도 잘 알
아야 했다. 그리고 예로부터 먼 길을 떠났던 사람들이 늘 그러했듯이
별을 길잡이로 활용할 수 있어야 했다. 그리하여 하늘에서 밝게 빛나
는 별들과 별자리가 표시된 지도는 우주 비행사들의 필수 소지품이
었다. 이 지도에는 알타이르, 시리우스, 프로키온 같은 친숙한 별 이
름 외에 천문학에는 존재하지 않는 세 이름도 있다.

레고르, 나비, 드노세스가 그것이다. 나사 우주 비행사들의 별 지
도에 존재하는 이 명칭들은 수천 년 전 아랍이나 그리스의 학자들
이 고안한 이름이 아니다. 유리 가가린Yurii Gagarin, 앨런 셰퍼드Alan
Shepard에 이어 세 번째로 우주 비행을 했으며, 미국 우주 프로그램의
선구자였던 버질 그리섬Virgil Ivan "Gus" Grissom이 지은 이름이다.

야외와 천문대에서 지내며, 별들과 별자리를 숙지해야 했던 기나
긴 우주 비행 트레이닝 중에 그리섬은 장난삼아 나사의 우주 지도에
있는 세 천체를 자신과 동료들의 이름을 따서 명명했다.

돛자리 감마성Gamma Velorum에 해당하는 별에는 '레고르Regor'라는

이름을 붙였다. 이것은 우주 비행사 로저 채피Roger Chaffee의 이름 로저를 거꾸로 읽은 것이다. 큰곰자리의 요타성Iota Ursae Majoris에는 '드노세스Dnoces'라는 이름을 붙였다. 이것은 우주 비행사 에드워드 화이트Edward White를 기념한 이름으로, 에드워드 화이트는 1965년에 러시아의 알렉세이 레오노프Alexei Leonov에 이어 두 번째로 우주선을 떠나 우주에서 자유 유영을 했던 사람이다. 그리하여 두 번째를 뜻하는 영어의 'second'를 거꾸로 읽은 말을 이 별에 새롭게 붙여주었다. 그리섬 자신은 카시오페이아자리에 이름을 남겼다. W 자 모양의 중앙에 위치한 카시오페이아자리 감마성Gamma Cassiopeiae에 그리섬은 'Navi'라는 이름을 붙였다. 이것은 그리섬의 가운데 이름 '이반Ivan'을 거꾸로 읽은 것이었다.

우주 지도에 영원히 남다

장난으로 생각되었던 이 일은 1967년 1월 27일 비극적인 기념비가 되었다. 화이트, 채피, 그리섬은 이날 아폴로 1호 미션을 위한 연습을 했다. 인간을 태우고 달에 다녀올 우주 캡슐을 테스트하는 날이었다. 실제 로켓 발사는 계획되어 있지 않았고, 우주선 시스템만 시험할 예정이었다.

그런데 테스트가 시작된 지 세 시간 반이 지났을 때 알 수 없는 이유로 캡슐 안에서 화재가 발생했다. 그러자 자동 생명 유지 장치가 캡슐 속의 산소량이 감소했음을 확인했다. 화재로 인해 산소가 소비되었으니 당연한 노릇이었다. 이어 산소량 부족을 감지한 시스템은 자동으로 산소를 공급했고, 이것이 치명적으로 작용했다. 추가 공급된 산소는 불길을 더 활활 타오르게 만들었을 뿐 아니라, 캡슐 안의 압력을 높였다. 압력을 상쇄하는 것은 불가능했고, 외부에서도 문을 열 수가 없었다.

이 사고로 화이트, 채피, 그리섬은 우주선 안에서 사망하고 말았다. 아폴로 프로그램은 세 사람의 생명을 희생시키면서 진전되었던 것이다. 이 세 우주 비행사를 기념하기 위해 나사는 그리섬이 장난으로 명명한 별 이름을 비공식적으로나마 이들의 우주 지도에 사용하기로 했다. 2년 뒤인 1969년 7월 20일 닐 암스트롱Neil Armstrong과 버즈 올드린Buzz Aldrin이 우주선을 타고 달 표면에 착륙했을 때 이들 역시 고인이 된 동료들의 이름이 적힌 우주 지도를 가져갔다.

헤르쿨레스자리 14
헤비메탈 별

우주적 차원에서의 금속

헤르쿨레스자리Herculis 14 별은 '금속'으로 가득하다. 그렇다고 커다란 쇠공 같은 것은 아니다. 왜냐하면 천문학자들이 말하는 '금속'은 보통 우리가 금속이라고 하는 것과 다르기 때문이다. 천문학에서 화학 원소는 학교 화학 시간에 배운 것보다 훨씬 간단하다. 100칸이 넘는 복잡한 주기율표 같은 것은 없다. 수소, 헬륨을 제외한 모든 원소가 '금속'이기 때문이다.

천문학의 시각으로 볼 때 이것은 이상하지 않다. 우주에 존재하는 물질 중 대다수가 수소와 헬륨이다. 빅뱅 직후에 생겨난 두 화학 원소 말이다. 나머지 주기율표의 원소들은 그 이후에 비로소 별 내부의 핵반응으로 인해 생성되었다.

다만 별 내부에서 핵반응을 통해 다른 원소들을 만들어내는 과정이 다소 비효율적이라, 빅뱅 직후 수소와 헬륨이 만들어졌을 때처럼 많은 양이 만들어지진 않는다. 그래서 새로운 원소를 배출할 시간이 45억 년이나 있었던 우리 태양과 같은 별들도 수소가 여전히 질량의 71퍼센트를 차지한다. 헬륨은 27퍼센트, 그리고 나머지 원소들을 죄다 합해봤자 2퍼센트 남짓밖에 안 된다.

그나마 우리 태양은 상대적으로 다른 원소들을 많이 포함하고 있는 별에 속한다. 우리의 태양이 생겨났을 때 우주는 이미 100억 살 정도였다. 100억 년은 그동안 탄생한 별들이 새로운 원소들을 만들어내고, 죽을 때 초신성 폭발로 그 원소들을 우주로 확산시키기에 충분한 시간이었다. 따라서 태양을 탄생시킨 우주의 가스 구름에는 처음부터 수소와 헬륨 말고 다른 원소도 들어 있었다. 이런 물질들은 지구와 같은 행성을 만들어낼 수 있을 만큼 충분히 많았다. 그리하여 지구에는 이런 새로운 원소들이 아주 많다. 그럼에도 우주 차원에서 보면 이런 원소들은 아주 미미한 양일 뿐이라, 천문학에서는 그저 단순하게 이 모든 원소를 싸잡아(약간 오도하는 개념이라는 건 인정한다) '금속'이라고 부르는 것이다.

젊다는 것, 금속이 많다는 것

따라서 어느 별의 '금속성'은 그 별의 전체 질량에서 이런 금속이 차지하는 비율을 말하고, 늘 태양을 기준으로 산정된다. 헤르쿨레스자리 14의 경우 금속성이 우리 태양보다 훨씬 높다. 헤르쿨레스자리의 이 작은 별은 얼핏 보면 별로 눈에 잘 띄지 않는, 존재감이 없는 별이다. 우리에게서 거의 59광년 정도 떨어져 있으며, 태양보다 약간 더 작고, 가볍고, 온도도 낮아 오렌지색으로 빛난다. 그러나 금속은 태양보다 세 배나 많이 가지고 있다.

이것은 이 별이 태양보다 약간 더 젊은 별임을 말해주는 자료다. 실제로 헤르쿨레스 14의 나이는 36억 살 정도다. 이런 점은 헤르쿨레스 14를 새로운 행성 탐사 작업의 유력한 후보로 만든다. 별을 만들어내는 우주의 가스 구름에 수소와 헬륨 외에 다른 원소가 많으면, 구름 속의 물질이 더 쉽고 더 빠르게 덩어리로 뭉쳐져 행성이 탄생할 수 있기 때문이다. 게다가 무거운 원소들은 가벼운 수소와 헬륨 원자들을 젊은 별이 내뿜는 강력한 복사선으로부터 방패처럼 보호하여, 이 가스 원자들이 복사선에 의해 우주로 흩어지지 않고 행성의 형성 과정에 참여할 수 있게 한다. 그리하여 목성과 같은 커다란 가스 행성들이 생겨날 수 있는 것이다.

헤르쿨레스자리 14는 이런 이론을 확인해주었다. 2002년 헤르쿨레스자리 14가 있는 곳에서 태양계 최대 행성인 목성 질량의 거의 다섯 배에 이르는 행성이 발견되었다. 헤르쿨레스자리 14가 '헤비메탈' 별이 아니라면, 그런 거대 행성이 그의 궤도를 도는 일은 일어나지 않았을 것이다.

염소자리 알파성
별똥별의 근원

먼지는 어떻게 유성이 되는가

사람들은 별똥별을 보면 소원을 빈다. 그 소원이 이루어진다는 보장은 없지만, 그래도 뭐 빌어서 나쁠 것은 없으니까. 그렇다면 더 많은 별똥별이 떨어지게 해달라고 빌어본다면 어떨까? 2220년부터는 실제로 그렇게 될 전망이다. 천문학적으로 어느 정도 입증된 사실이다.

이러한 사실을 예고해준 것은 염소자리 알파성Alpha Capricorni이었다. '알게디Algedi'라 불리는 염소자리 알파성은 두 개의 서로 다른 별로 이루어져 있다. 이 두 별은 쌍성은 아니고, 광학적 이중성이라고 하여 실제론 멀리 떨어져 있으나 서로 붙어 있는 것처럼 보이는 별이다. 그런데 이 염소자리 알파성 쪽 하늘에서 '알파 카프리코르니스Alpha Capricornids'라는 유성군이 나타난다. 이를 염소자리 알파성 유성우라고 한다.

유성流星은 이름에 '별星'이 들어가 있지만, 실제 별과는 상관이 없다. 이것은 크기가 몇 밀리미터에 불과한 돌들로, 태양계 행성들 사이에 있는 우주먼지다. 지구가 그런 알갱이들과 만나면 별똥별을 볼 수 있다. 먼지 알갱이들은 초속 30~70킬로미터 사이의 엄청난 빠르기로 지구의 대기를 통과하면서 대기를 구성하는 원자로부터 전자들이 떨어져 나오게 한다. 전자를 잃은 원자들은 다시 자유 전자와 결합하게 되는데 이때 빛 형태의 에너지가 방출되어 우리 눈에 별똥별로 보이는 것이다.

하늘에서 별이 빗발치다

이 모든 것은 해발 약 100킬로미터 상공에서 일어나며 몇 초간 지속된다. 그러고 나면 먼지 알갱이들은 대기와 충돌할 때 발생하는 큰 마찰열 때문에 다 타버리고, 스펙터클한 장관은 끝나버린다. 맑은 날이면 우리는 밤하늘에서 드문드문 떨어지는 별똥별을 관찰할 수 있다. 그런데 어떤 밤에는 정말로 별똥별이 비 오듯 쏟아지는데, 이것은 지구가 먼지가 가득한 구역을 지나고 있기 때문이다.

이런 구역은 태양계의 작은 천체들, 소행성이나 혜성에 의해 만들어진다. 특히 혜성은 우주 쓰레기를 만들어내는 주범이다. 혜성이 태양 근처로 오면, 혜성 안에 있던 얼음이 녹아서 가스 형태로 우주로 방출되는데, 이때 혜성 표면에 있던 많은 양의 먼지도 함께 딸려 나간다. 소행성도 이런 방식으로 먼지를 떨굴 수 있지만 보통 그 양은 얼마 되지 않는다. 하지만 소행성이 가령 다른 소행성과 충돌한다든가 태양 근처까지 가서 부서지게 되면 상당한 우주 쓰레기를 만들어낼 수 있다.

이처럼 소행성과 혜성은 우주를 통과하며 먼지 자국을 남긴다. 따라서 지구가 태양을 공전하는 길에 그런 '오염 지역'을 지나가게 될 때면 별똥별이 빗발치듯 떨어지는 모습을 볼 수 있는 것이다. 이런 유성우는 매년 같은 시기에 반복된다. 지구의 공전궤도에 놓여 있으므로 지구가 다시 먼지가 많은 구역을 지나는 데 정확히 1년이 걸리기 때문이다. 그리하여 매년 11월 17일 전후로 사자자리 쪽 하늘에서 나타나는 사자자리 유성군Leonids 을 관측할 수 있다. 이름은 사자자리이지만, 사실 사자자리 별들과는 상관이 없고 이 우주먼지는 혜성 템펠-터틀Tempel-Tuttle 에서 비롯된 것이다. 현재 우리는 이러한 '유성군'을 30개 이상 알고 있다. 이들이 연중 서로 다른 시기에 서로 다른 강도의 유성우를 일으킨다.

염소자리 알파성 유성우는 소행성 2002 EX12에서 기인한다. 지구는 매년 7월 30일경에 이 소행성이 남겨놓은 먼지와 만난다. 현재 이 유성우는 별로 드라마틱하지 않다. 그러나 소행성 2002 EX12를 자세히 연구한 결과 이 소행성이 크게 부서지며 상당히 많은 양의 먼지를 만들어냈다는 것을 알게 되었다. 현재 지구는 해당 구역을 통과하지는 않는다. 하지만 가스 구름의 크기나 위치가 시간이 흐르면서 변하기에 2220년부터는 이 구역이 지구의 공전궤도에 놓일 것으로 예상된다. 학자들의 예측에 따르면 그때가 되면 알파 카프리코르니스는 가장 강력한 유성군이 될 것이며, 가장 많은 별똥별을 만들어 낼 것이다. 그때도 우리의 소원이 모두 이루어질지는 여전히 미지수지만 말이다.

안와르 알 파르카다인
밤의 끝

빛에 가려진 별

안와르 알 파르카다인Anwar al Farkadain이라는 별은 작은곰자리에 속한다. 이 이름은 아랍어로 '두 송아지 중 더 밝은 송아지'라는 뜻이다. 하지만 이 별은 밝지 않다. 아주 깜깜한 하늘에서나 보일까 말까 하는 정도인데, 이제 지구상에서 그렇게 깜깜한 하늘은 찾아보기가 힘들다.

큰곰자리를 이루는 별들은 아주 밝기 때문에 큰곰자리를 관측하는 일은 어렵지 않지만 작은곰자리를 관측하기는 쉽지 않다. 작은곰자리의 가장 밝은 별은 북극성으로 하늘에서 비교적 뚜렷이 빛나고 있지만 작은곰자리의 수레와 그 손잡이처럼 보이는 나머지 여섯 별은 상당히 빛이 약하며, 안와르 알 파르카다인은 그중에서도 가장 어둡다.

그리하여 작은곰자리를 자신이 살고 있는 지역의 밤하늘의 깜깜한 정도를 판별할 수 있는 기준으로 삼을 수 있다. 도시의 불빛과 인공조명이 없는 깜깜한 하늘일수록 작은곰자리의 일곱 별이 더 확연히 눈에 들어온다. 하지만 멀리 떨어진 마을의 산란광처럼 인공조명이 조금이라도 끼어들면 작은곰자리의 사각형 중 한 각에 위치한 안와르 알 파르카다인은 숨어버린다.

대도시에 가까워지면 나머지 별들도 모습을 감춘다. 북극성과 작은곰자리의 별 한두 개만 육안으로 관측할 수 있을 정도다. 그리고 이제 대도시 한가운데로 들어가서 하늘을 올려다보면 이들마저도 아예 보이지 않는다.

점점 밝아지는 밤하늘

별 없는 뿌연 잿빛 하늘은 오늘날 평범한 풍경이 되었다. 점점 더 많은 사람들이 도시로 모이고 있고, 곳곳에서 인공조명이 우리의 거리, 집, 광고판을 밝힐 뿐 아니라 하늘까지 밝히고 있다. 중부 유럽의 그 어느 곳에서도 깜깜한 하늘을 더 이상 찾아볼 수 없다. 별이 총총한 하늘을 정말로 보고 싶은 사람은 멀리 사막에라도 여행을 가거나 대양 한가운데로 나가야 한다.

점점 심해지는 빛 공해가 천문학적으로만 문제가 되는 건 아니다. 많은 동식물이 불야성 같은 밤으로 인해 피해를 보고 있다. 일주기 리듬 장애는 건강에도 악영향을 미친다. 불필요한 인공조명 또한 쓸데없는 비용을 낭비하는 것이다. 꼭 필요한 곳만 밝히는 똑똑한 조명 정책을 실행하면 에너지와 비용을 많이 아낄 수 있을 것이다.

게다가 밤을 상실한 것은 문화적으로도 문제가 된다. 별이 총총한 맑은 밤하늘은 오랜 세월 동안 인류와 함께해왔다. 해가 떨어지면 사방이 깜깜해졌고, 하늘에 드리워진 은하수를 올려다볼 수 있었다. 밝게 빛나는 무수한 별들의 색깔까지 구분할 수 있을 정도였다. 하늘은 우리의 신화와 종교에 영향을 주었고 철학, 문학, 예술, 무엇보다 학문에 영감을 불어넣었다. 그러나 전기 사용이 보편화되고 인공조명이 확산되면서 이런 영감의 원천은 차츰 고갈되기 시작했고, 그와 동시에 인간을 묻고, 찾고, 설명하고, 해석하고, 예측하는 존재로 만드는 중요한 구심점이 사라져버렸다. 인류는 수천 년 동안 하늘을 올려다보며 우주에 대해, 우주 속 인류의 역할에 대해 숙고해왔다. 그러므로 문명의 이기가 이런 소중한 공간을 앗아가버렸다는 것은 인류 역사의 아이러니라 할 수 있을 것이다.

37

라스 알하게
점성술의 방황

과학과 신비주의 사이

아랍어로 '땅꾼의 머리'를 뜻하는 라스 알하게Ras Alhague 는 뱀주인
자리(땅꾼자리)의 알파성이다. 그런데 뱀주인자리가 자꾸만 논란을 일
으키고 있다. 최소한 대중잡지와 점성술의 팬들에게는 말이다. 가령
NASA가 뱀주인자리를 새롭게 분류했다며, 이제 기존의 열두 별자리
외에 '열세 번째 별자리'를 추가해야 한다는 소리가 나오게 된 것이다.

"열세 번째 성좌?! 당신은 사실 다른 별자리였다?" 2019년 어느
잡지에 실린 머리기사의 제목이다. 그 기사에는 "한 연구에 따르면
우리 대부분의 탄생 별자리는 잘못됐다."는 내용이 나온다. 11월 30
일에서 12월 18일 사이에 태어난 사람은 이제 궁수자리가 아니라 땅
꾼자리에 속하게 된다는 것이다.

이렇듯 별자리를 둘러싼 논란이 반복되는 이유는—언론이 이목을
끄는 소재에 혈안이 되어 있다는 것 외에도—천문학에서 말하는 별
자리Sternbild 와 점성술에서 말하는 별자리Sternzeichen 가 다르기 때문
이다. 물론 서로 밀접한 관계는 있지만 천문학과 점성학은 엄연히 다
르다.

옛날에는 이 둘을 명확히 구분 짓지 않았다. 사람들은 하늘을 올

려다보고 점광원들의 운동 및 특성을 연구했을 뿐 아니라, 천체들이
신화적, 종교적 의미를 갖는다고 확신했다. 가령 혜성은 수백 년간,
불행이나 특별한 사건(가령 예수 탄생 등)의 전조로 여겨졌다. 우리의 선
조들은 하늘에서 일어나는 일이 그들의 삶에 직접적인 영향을 미친
다고 믿었고, 별과 행성들을 정확히 관찰하고 이해하기만 하면 그로
부터 미래에 대한 중요한 정보를 얻을 수 있다고 생각했다.

비로소 17세기에 들어서서야 천문학이라는 현대의 자연과학과 점
성술이 구분되기 시작했다. 인류가 과거 별자리의 형태로 하늘에 투
사하곤 했던 신화적 인물과 이야기들은 오늘날에는 역사적인 관점
에서만 의미를 지닐 따름이다. 천문학에서 인정한 공식 별자리들이
있다. 하지만 이것들은 점성술에서 이용하는 별자리들과 별 관계가
없다.

천문학의 영역 밖에 있는 이야기

흔히 별점을 볼 때 쓰이는 점성술의 12궁은 특별한 위치에 있는 별
자리들이다. 이들은 황도를 따라 배열된다. 황도란 지구 입장에서 보
았을 때 태양이 한 해 동안 지나가는 길로서, 다름 아닌 지구의 공전
궤도다. 나머지 행성들도 황도면을 따라 움직인다. 바로 이런 이유로
고대에 하늘을 해석할 때 황도 12궁은 특별한 역할을 했다. 행성들
이 열두 별자리를 언제 어떻게 통과하는지를 관측할 수 있었고 그로
부터 점성술적 예측을 할 수 있었다.

뱀주인자리는 전갈자리, 궁수자리, 양자리처럼 이미 오래전부터

알려져 있었고, 그 일부가 황도에 걸쳐 있었지만 공식적인 황도 별자리에는 포함되지 않았다. 점성학에서 12라는 수가 13보다 상징성을 부여하기가 더 좋기 때문일 것이다.

별자리에 관한 한 공신력 있는 규칙은 오랜 세월 존재하지 않았다. 어떤 별자리가 있는지 그 어디에도 정확히 기술되어 있지 않았고, 어떤 별이 실제로 어떤 별자리에 속하는지는 더더구나 규정되어 있지 않았다. 1928년에 이르러서야 이런 상황이 좀 개선되었다. 당시 국제천문연맹이 하늘을 여든여덟 개의 구역으로 나누고 여든여덟 개의 별자리를 공식 별자리로 지정했고, 이것이 오늘날까지 통용되고 있다. 황도면을 따라서는 여전히 12개의 별자리가 있으며, 이것이 점성술의 황도 12궁에 해당한다. 땅꾼자리의 라스 알하게도 그곳에 있다.

하지만 그렇다고 점성술이 뱀주인자리를 받아들여 황도 13궁이 된 것은 아니다. 점성술은 많은 부분 천문학적 인식과는 별개다. 천문학적 별자리는 하늘에서 서로 다른 크기의 영역을 점하는 반면, 점성술의 별자리는 모두 크기가 같다. 이로부터 커다란 차이가 빚어진다. 가령 점성학은 태양이 탄생 시점에 물병자리였다고 본다. 그러나 천문학은 물고기자리였다고 본다.

점성술은 학문이 아니며, 점성술의 별자리는 천문학에서 인정한 공식 별자리나 실제 태양의 위치와 아무 관계가 없다. 그럼에도 점성술의 별자리 역시 우주 이야기의 일부라 할 수 있다. 우주와 연결된 존재로 살아가고자 하는 인간의 욕구를 보여주기 때문이다. 그러므로 지금까지 생일 별자리를 '잘못' 알고 있었다 해도 그다지 걱정할 필요는 없다. 단지 고대의 미신에 어느 정도의 가치를 부여할 것인가 만 생각하면 될 것이다.

38

아스피디스케
우주를 보는 눈, 안경을 쓰다

우주로 쏘아 올린 망원경

어두운 배경 위 몇 개의 작은 점들과 함께 찍힌 네 개의 밝은 점. 천문학의 새 시대는 1990년 5월 20일 대중에게 공개된 시답잖은 사진 한 장과 함께 시작되었다. 그것은 우여곡절 끝에 우주로 쏘아 올린 허블 우주 망원경이 전송한 최초의 사진 〈퍼스트 라이트First Light 〉였다.

우주에 커다란 망원경을 설치하자는 생각을 맨 처음 한 것은 1946년 미국의 천문학자 라이먼 스피처Lyman Spitzer 였다. 사실 당연한 생각이었다. 지상에서는 지구를 둘러싼 대기가 천문학적 관측을 방해하기 때문이었다. 대기 바깥에 망원경을 설치하면 우주의 별들을 가감 없이 볼 수 있을 것이고 지상에서는 보이지 않는 것들도 볼 수 있을 터였다.

그러나 1940년대에는 아직 우주 비행이 첫발을 내딛지도 못한 시점이라, 우주에 망원경을 설치한다는 것은 환상에 지나지 않았다. 그리하여 그 프로젝트는 그 뒤 1980년대에 현실화되었고, 1990년 4월 25일 유명한 천문학자 에드윈 허블Edwin Powell Hubble 의 이름을 딴 망원경이 드디어 우주로 발사되었다.

허블 우주 망원경 시스템의 테스트 촬영 대상으로 용골자리가 선택되었다. NASA 내부에서 첫 관측 사진을 열어볼 때 기자들을 동석시킬 것인가를 두고 논의가 있었다. 천문 사진, 특히나 테스트 목적으로 찍은 천문 사진들은 처음에 볼 때 정말 시시껄렁해 보이기 때문이다. 사진상의 오류를 제거하고, 여러 사진을 결합해야만 비로소 그럴듯하게 보이게 된다. '내놓을 만한' 사진을 얻기 위해서는 많은 작업을 거쳐야 하는 것이다. 그리하여 허블의 첫 관측 사진은 학자들에게는 굉장히 흥미로운 것일지 몰라도 대중에게는 정말 재미없어 보일 것이었다.

시작은 미약하였으나 끝은 창대하리라

허블의 첫 사진이 도착했을 때 순식간에 굉장한 긴장감이 감돌았다. 허블이 보낸 영상은 지구에서 찍은 사진들보다 해상도가 높긴 했다. 영상에 보이는 가장 밝은 별은 아스피디스케(용골자리 요타성)였다. 이 별은 육안으로도 잘 보이는 밝은 별이기에 허블의 첫 촬영 대상으로 선정되었는데, 문제는 이 별이 기대만큼 선명하게 포착되지 않은 것이다. 이상적인 광학기기라면 별이 빛의 점으로만 보여야 할 것이었다. 허블은 아스피디스케의 빛의 최소 70퍼센트 정도를 작은 영역에 모을 수 있을 것으로 기대되었었다. 그런데 첫 영상에서 아스피디스케의 빛은 그보다 열 배는 넓은 지역에 퍼져, 주변 별들을 제대로 볼 수 없게 만들고 있었다.

큰돈을 들여 오래 계획한 우주 망원경이 이렇게 흐린 이미지를 보여주다니! 이게 어찌 된 일일까? 이유는 코믹한 동시에 비극적이었다. 망원경 렌즈의 오류를 발견하는 기능을 하는 기기 자체에 오류가 있던 것이다. 이런 오류를 바로잡기까지 3년이 걸렸다. 다시 스페이스 셔틀이 우주로 날아갔고, 우주 비행사들이 수정 시스템을 설치했다. 그리하여 허블 망원경은 안경을 쓰게 되었고 그 이후로 선명해진 영상을 전송하면서 기대에 걸맞은 혁명적인 기기로 자리매김했다.

허블 우주 망원경은 우리의 기대대로 기능하기까지 어느 정도 험란한 길을 거쳤다. 그러나 그 이후 30년간 허블 우주 망원경이 관측한 영상들은 그동안의 모든 노고를 보상하고도 남는 것이었다. 허블의 영상은 우주에 대한 우리의 상상에 혁명적인 불씨를 지폈다. 허블 망원경이 전송해준 데이터로 1만 개 이상의 논문이 쓰였을 뿐 아니라, 인류가 우주를 보는 시선 자체도 변화했다. 허블이 찍은 별, 은하, 성운의 환상적인 영상들은 우주에 대한 집단적 표상을 만들어냈다.

용골자리를 찍은 시답잖은 흐릿한 영상은 이후 허블 우주 망원경이 보여준 활약의 시초였다. 허블은 원래 기대했던 15년의 수명을 훨씬 뛰어넘어 작동했고, 2020년 탄생 30주년을 맞았다. 이제 임무 종료 카운트다운에 들어갔고 수년 내에 임무를 종료할 예정이다. 나사는 그의 스페이스 셔틀 프로그램을 조종하여, 망원경을 더 이상 손보거나 수리하지 않기로 했다. 늦어도 2024년이면 허블 우주 망원경은 추락할 것이고 지구에 근접하면 대기와 마찰을 일으키며 파괴될 것이다. 허블이 처음으로 관측했던 용골자리의 아스피디스케처럼 밝게 빛나면서 말이다.

39

페가수스자리 51
해묵은 질문에 대한 대답

이 세계는 유일한가

13세기 독일의 주교이자 학자인 알베르투스 마그누스는 이렇게 적었다. "이런 세상이 하나만 있는 걸까, 아니면 여러 개일까. 이것은 인간이 물을 수 있는 가장 고상하고 놀라운 질문 중 하나다. 이것은 인간 정신이 진심으로 이해하고자 하는 질문이다." 이런 고상하고 놀라운 질문에 대한 대답은 700년 뒤에야 비로소 주어졌다. '페가수스자리 51'이라는 별을 통해서 말이다.

인류는 수천 년 전부터 '다른 세계'의 존재를 궁금해했다. 소크라테스 이전의 고대 그리스 철학자들도 지구가 유일한 세계인지, 아니면 지구 같은 세계가 여럿 존재하는지에 대해 사색했다. 기원전 5~기원전 4세기에 활동한 원자론자 데모크리토스Democritos 는 우리와 같은 세계가 무한히 많고 세계는 무한히 확장되고 있다며, 우리보다 태양과 달이 더 많은 세계도 있고, 그렇지 않은 세계도 있다고 했다. 이후 이런 문제에 대한 토론은 계속되었으며, 중세와 근대 초기에는 철학자들과 신학자들도 이런 토론에 가세했다. 그러나 '하느님'을 들먹이건 자연을 들먹이건 간에 확실한 대답은 찾지 못했다.

어떤 사람은《성경》에 다른 세상에 대한 이야기는 없으니 다른 세

게는 없는 것이라고 주장했고, 어떤 사람은 신은 전능하고 무소부재하며 무한하시니 무한히 많은 세계를 창조할 수 있다고 맞섰다. 신학자, 철학자, 자연 연구가 들은 그렇게 수천 년간 여러 가지 이유를 들어 다른 세계의 존재를 찬성하거나 반대하고 나섰다.

다른 세계가 존재하냐는 질문에 답을 하기 위해서는 우선 지구가 별인 태양을 도는 행성일 따름이라는 사실을 먼저 인식해야 했다. 하늘에 무수히 많이 보이는 빛의 점들이 멀리 있을 따름이지, 사실은 우리의 태양과 비슷한 별이라는 걸 깨달아야 했다. 별과 행성이 어떻게 탄생할 수 있는지를 이해해야 했고, 이것을 연구할 수 있는 도구가 있어야 했다.

그래서 1980년대에 이르러서야 학자들은 진지하게 '다른 세계'를 찾아 나설 수 있었다. 오늘날의 용어로 말하자면 '외계 행성extra solar planet', 즉 우리의 태양이 아니라 다른 별을 공전하는 행성들을 찾는 프로젝트를 개시했던 것이다.

원칙적으로 외계 행성이 있을 수 있다는 건 알고 있었다. 그러나 행성들이 어떤 상황에서 어떻게 생겨나는지 세부적으로 이해하지 못했기에, 그런 행성들이 얼마나 많은지는 알 수 없었다. 여덟 개의 행성을 거느린 우리의 태양계가 우주에서 특별한 경우인 걸까? 그럼에도 학자들은 다른 별을 도는 행성들이 있을 거라는 추측하에 연구에 임했고, 1980년대와 1990년대에 미국과 캐나다의 천문학 연구팀들은 최초의 외계 행성을 발견하는 영예를 안고자 경쟁을 벌였다.

외계 행성을 발견하다

그러나 뜻밖에도 미국과 캐나다의 팀이 아닌 두 명의 아웃사이더가 첫 외계 행성 발견의 영예를 안았으니, 바로 제네바 대학교의 미셸 마요르Michel Mayor 교수와 박사과정생인 디디에 쿠엘로Didier Queloz 였다. 1994년 4월 이들은 망원경으로 페가수스자리 51을 관측하고자 했다. 페가수스자리에 속해 있는 이 별은 지구에서 50광년 떨어져 있는 태양보다 약간 크고 오래된 별이다. 이 별은 조건이 좋을 때는 육안으로도 식별이 가능하다. 물론 두 스위스 학자가 관측한 이 별에 딸린 행성은 기술적인 도움 없이는 볼 수가 없다. 그렇다고 마요르와 쿠엘로가 기술적인 수단을 동원하여 그 행성을 직접 관측할 수 있었던 건 아니다. 마요르와 쿠엘로는 간접적인 방식으로 이 행성의 존재를 알아냈다. 이들은 페가수스자리 51을 관측하던 중 이 별이 이상하게 조금씩 흔들린다는 걸 발견했다. 이런 현상이 나타나는 이유는 행성이 별 주위를 돌면서 크지는 않지만 자신의 중력을 행사하기 때문이다. 그러다 보니 별이 미세하게라도 요동치는 것이다. 이런 동요는 별빛을 분석하면 측정할 수 있고, 이로부터 행성의 질량과 궤도를 유추할 수 있다.

그러나 아직 외계 행성이 하나도 발견되지 않은 마당에 이런 간접적인 관측을 근거로 수천 년 묵은 질문에 답을 찾았다고 주장한다면 회의적인 시선들이 쏟아질 것이 뻔했다. 처음에 마요르와 쿠엘로도 그런 시선을 받았다. 하지만 페가수스자리 51을 도는 행성이 있다는 사실은 이후 독립적인 연구를 통해 여러 번 증명되었다. 이 행성은 크기가 목성만 하고, 질량은 목성의 절반에 불과하다. 그러나 실재한다. 드디어 다른 세계가 있다는 것이 확실해진 것이었다.

태양 이외의 별들도 행성들을 거느리고 있다는 사실, 페가수스자리 51은 인류의 오랜 추측을 확인해준 최초의 별이다. 2015년 국제천문연맹은 이 별에 '헬베티오스(스위스 국적의 밴드, 얼루베티Eluveitie의 앨범 타이틀곡 이름-옮긴이)'라는 새로운 이름을 붙였다. 이 별의 행성을 처음 발견한 마요르와 쿠엘로의 국적을 생각하면 놀랄 일이 아니다.

40

NOMAD1 0856-0015072
명왕성의 때늦은 복수

소행성이 행성보다 크다면

2010년 11월 6일 항성 NOMAD1 0856-0015072는 잠시 어두워졌다. 불과 몇 초 동안 일어난 일이었다. 특별한 관심이 없었다면 아무도 몰랐을 사건이다. 이 별은 육안으로는 분간이 되지 않고, 망원경으로 보아도 수많은 광점들 사이에 있는 그다지 눈에 띄지 않는 한 점에 불과하기 때문이다. 2010년 11월 6일 이전에는 아무도 이 별에 관심이 없었다. 그러나 이날 천문학자들은 큰 관심을 가지고 망원경을 그 별 쪽으로 향했다. 그 별이 매력적인 태양계의 논란거리에 대해 더 많은 것을 알려줄 것이기 때문이었다.

 2005년 1월 5일 미국의 천문학자 마이클 브라운Michael E. Brown, 채드윅 트루히요Chadwick A. Trujillo, 데이비드 라비노비츠David L. Rabinowitz는 우리 태양계의 먼 외곽 지역에서 한 소행성을 발견했다. 오늘날 '에리스Eris'라고 불리는 해왕성의 궤도 바깥에 위치한 소행성이다. 에리스는 지구보다 태양에서 100배는 더 멀리 떨어져 태양을 돌고 있다. 그 부근에서는 이전에도 이미 몇몇 소행성을 발견했었지만, 에리스는 좀 특별했다. 첫 데이터에 따르면 이 소행성이 당시 태양계 아홉 번째 행성의 지위를 보유하고 있던 명왕성보다 더 컸던 것이다.

　마이클 브라운, 트루히요, 라비노비츠가 새 행성을 발견한 것이었을까? 마이클 브라운이 확인한 바에 따르면 그렇지는 않았다. 에리스는, 정확히 소행성이 많고, 소행성이 있을 것으로 기대되는 구역에서 발견되었을 뿐 아니라, 소행성처럼 움직였고, 소행성처럼 행동했다. 다만 아주 크기가 클 따름이었다. 그리고 이런 크기가 격한 토론을 불러일으켰다. 에리스가 소행성인데 명왕성보다 크다면, 명왕성은 대체 무엇이란 말인가? 명왕성도 소행성일까? 아니면 에리스를 행성으로 분류해야 할까?

명왕성의 행성 지위 박탈

수많은 천문학자들이 그렇지 않아도 오래전부터 명왕성의 행성 지위를 박탈해야 한다고 주장해오던 터였다. 에리스처럼 명왕성도 소행성들이 많은 것으로 알려진 구역에 있었고, 소행성들처럼 움직였다. 게다가 태양계의 다른 행성들보다 훨씬 작았다. 명왕성이 행성으로 분류된 것은 1930년 그가 발견되었을 당시 데이터가 빈약했기 때문에 가능한 일이었다. 그러나 이제 더 잘 알게 된 마당에 오류를 수정해야 한다는 것이 당시 학계의 지배적인 의견이었다.

　2006년 마침내 격한 토론을 거쳐 명왕성은 행성으로서의 지위를 잃었다. 이제부터는 에리스와 마찬가지로 다른 많은 소행성과 더불어 태양 주변을 도는 커다란 소행성에 '불과'하게 되었다. 그러나 최소한 다른 소행성들에 비해 명왕성과 에리스가 굉장히 크다는 것을 감안하여 '난쟁이 행성(왜행성)'이라는 새로운 그룹을 만들어, 태양계의 꽤 커다란 소행성들을 이 그룹에 집어넣었다.

이런 새로운 상황은 천문학계에서 공인되었고, 소수의 사람들만이 계속해서 명왕성의 복권을 요구했다. 그리고 2010년 11월 6일 망원경을 NOMAD1 쪽으로 향했을 때, 이들은 자신들의 요구를 뒷받침하는 새로운 논지를 얻게 되었다.

이날 NOMAD1이 잠시 어두워진 것은 에리스 때문이었다. 에리스가 지구에서 볼 때 정확히 NOMAD1 앞을 지나갔던 것이다. 먼 천체의 그림자는 가는 띠 안에서 움직였고, 칠레의 세 천문대가 이런 드문 '엄폐Occultation'를 관측하는 행운을 누렸다. 그리고 이 사건에 걸리는 시간을 정확히 측정함으로써 에리스의 정확한 지름을 계산할 수 있었는데, 그 결과 에리스의 지름은 2326킬로미터로 지름이 2374킬로미터인 명왕성보다 약간 작았다. 행성에서 소행성으로 격하된 명왕성이 더 컸던 것이다!

그러나 명왕성은 이를 통해서도 이전의 지위를 되찾을 수는 없을 전망이다. 결국 크기뿐 아니라 그 천체가 위치한 주변 환경도 중요하기 때문이다. 명왕성은 크긴 하지만 많은 소행성 무리 가운데 있는 큰 소행성일 따름인 것이다. 명왕성은 태양계를 대표하는 천체로 등극하지는 못했다. 하지만 천문학적인 시각에서 볼 때 이것은 부정적인 일이 아니다. 천문학자들은 그곳의 소행성들도 행성들만큼 열심히 연구하고 있기 때문이다.

$$\textcircled{41}$$

Z Chamaeleontis
흑색왜성이 존재하기에는 너무 이른

과거 '검은 별'이라 불리던 천체

〈쌍성인 Z Chamaeleontis에 '흑색왜성'이 있을까?〉 천문학자 존 포크너John Faulkner 와 한스 리터Hans Ritter 가 1982년 발표한 논문 제목이다. 저널리스트 이언 베터리지Ian Betteridge 의 이름을 딴 베터리지의 헤드라인 법칙("의문부호로 끝나는 모든 헤드라인은 'no'로 대답할 수 있다")이 맞다면 이 질문에는 그리 긍정적인 답변을 할 수 없을 것이다. 그렇다! 이런 결론이 놀랍지 않은 까닭은 흑색왜성들이 우주를 점하기에는 우주가 아직 너무 젊기 때문이다.

포크너와 리터를 변호하기 위해 말하자면, 이들은 오늘날 천문학에서 '흑색왜성'으로 알려진 천체를 찾으려고 했던 것이 아니었다. 이들은 '갈색왜성'을 물색했다. 행성보다 더 크고 무겁지만 진짜 별이 되기에는 질량이 충분하지 않은 천체를 말이다.

1960년대에 천문학자들이 이런 별이 있을 거라고 추측하면서 그들은 당시로선 아직 발견되지 않은 그런 별들에 '검은 별'이라는 이름을 붙여주었다. 그런 별들은 거의 빛을 내지 않기 때문이었다. 그러나 나중에 이런 별들을 공식적으로 '갈색왜성'이라 부르게 되었고 '흑색왜성'은 전혀 다른 것을 일컫는 말이 되었다. 그런데 먼 미래에 정말로 쌍성 Z Chamaeleontis(줄여서 Z Cha)에서 이런 흑색왜성을 발견할 수 있을지도 모른다.

차갑게 식은 별, 흑색왜성

Z Cha는 지구에서 316광년 떨어진 카멜레온자리의 쌍성으로, 적색왜성 하나와 백색왜성 하나로 구성되어 있다. 적색왜성은 별 가운데서 가장 작은 별들이다. 이들은 태양보다 훨씬 질량이 작으며, 특히나 작은 적색왜성들은 질량이 태양 질량의 10퍼센트에도 미치지 못한다. 반면 백색왜성은 더 이상 별이라고 할 수 없는 천체로, 중간 크기의 항성이 핵융합을 끝마친 상태를 말한다.

별 내부의 연료가 바닥이 나면 핵융합은 중단된다. 이런 별은 생애의 마지막 순간에 바깥층을 모두 우주로 떨궈버리고 핵만 남긴다. 크기는 지구만 하지만 굉장히 뜨겁고, 별로서 많은 것을 하지 못한다. 어딘가에서 새로운 연료를 조달하지 못하는 이상, 그냥 식어갈 뿐이다.

다만 Z Cha의 백색왜성은 운이 좋았다. 동반성인 적색왜성이 굉장히 가까이 있기 때문이다. 너무나 가까이 있어서 적색왜성의 가스가 백색왜성으로 계속해서 흘러들어 갈 수 있을 정도다. 이런 일이 일어나면 다시금 폭발적인 핵융합이 시작되어 백색왜성이 밝게 빛을 발한다.

하지만 어느 순간 그것도 끝이 난다. 동반성의 수명이 끝나버리면 말이다. 동반성 없이 존재하는 백색왜성의 경우는 그마저도 불가능하다. 그리하여 별의 잔재로서 계속 식어가고, 어두워져만 간다. 그러다 어느 순간 완전히 식어버려서, 주변 우주처럼 차가워진다. 그리고 나면 흑색왜성, 차갑고 어두운 죽은 천체가 되는 것이다.

하지만 그 상태까지 가려면 시간이 걸린다. 백색왜성은 크기는 작지만, 여전히 엄청 뜨거운 물질로 이루어진 어마어마한 질량 덩어리이기 때문이다. 그리하여 백색왜성이 흑색왜성이 되기까지는 최소한 1000조 년이 걸릴 것으로 추정된다. 경우에 따라서는 더 오래 걸릴 수도 있다. 그러므로 138억 년 된 우주는 흑색 왜성을 배출하기에는 너무 젊은 우주인 것이다.

무한대에 가까운 세월이 흐른 다음에야 포크너와 리터의 질문에 예외적으로 베터리지의 헤드라인 법칙에 반하는 답을 할 수 있을 것이다. 그때가 되면 Z Cha 성계에는 흑색왜성이 존재하게 될 것이다.

HD 162826
잃어버린 형제

별은 가족과 함께 태어난다

우리의 태양은 형제들이 많고, 그들은 은하수 곳곳에 흩어져 있다. 그리고 현재 태양의 형제로 추정하고 있는 별이 하나 있는데, 바로 HD 162826이다. 이 별은 지구에서 약 110광년 떨어져 있으며, 약한 빛을 발해서 육안으로는 보이지 않는다. 그러나 미국의 천문학자 바단 애디베키언Vardan Adibekyan 은 2014년에 약 1만 7000여 개의 별 목록에서 이 별이 태양의 유력한 형제 별임을 확인했다.

별은 혼자 태어나지 않는다. 별이 만들어지는 방대한 가스 구름에는 수백, 수천 개의 별을 만들 수 있는 양의 물질이 있다. 그리고 그런 구름이 맨 처음 중력으로 말미암아 수축할 때, 단 하나의 고립된 천체만 남지 않는다. 수축은 여러 군데에서 거의 동시에 진행되고, 결국 별 가족이 생겨난다.

이런 별들은 같은 지역에서 탄생하지만, 혼란스러운 상황 속에 서로 다른 속도를 가지게 된다. 그리하여 처음에는 함께 움직이지만, 곧 은하 전체로 흩어진다. 우리의 태양은 45억 살이다. 그러므로 이렇게 오랜 세월이 흐른 뒤에 형제를 찾는다는 건 여간 어려운 일이 아닐 수 없을 것이다.

태양의 형제를 찾아라

천문학 용어로 '솔라 시블링solar sibling'이라 불리는 태양의 형제별 찾기 작업에서는 두 가지를 주의해야 한다. 첫째, 태양의 형제 별은 태양과 나이가 같아야 한다. 물론 이것은 우선적인 참고 사항일 따름이다. 연대 측정은 결코 정확할 수가 없으며, 한편으로 두 별의 연대가 우연히 일치할 수도 있기 때문이다. 둘째, 태양의 형제 별은 태양과 똑같은 화학적 성분으로 구성되어 있어야 한다. 별은 별을 배태한 가스 구름과 마찬가지로 무엇보다 수소와 헬륨으로 이루어져 있다. 하지만 이외에 소량의 다른 화학 원소도 포함하고 있다. 이런 화학 원소의 비율은 구름마다 다르다. 그러나 같은 구름에서 태어난 별들은 어느 정도 성분이 동일할 것이다.

애디베키언은 이런 특성을 지닌 별을 찾던 가운데 HD 162826을 만났다. 이 별은 우리 태양과 거의 동일한 화학 성분을 가지고 있으며 나이도 45억 살이다. 게다가 태양과 질량, 온도, 밝기, 크기가 비슷하다. 물론 형제 별이라고 꼭 이런 것들이 비슷해야 하는 건 아니다. 진짜 남매들의 생김새가 서로 다른 것처럼, 태양의 형제별도 태양과 다를 수 있다. 같은 구름에서 태어났다 해도 크기도 다르고, 밝기도 다를 수 있다. 그러므로 HD 162826이 태양의 형제 별일 뿐 아니라, 쌍둥이처럼 보이는 것은 정말로 신기한 일이다.

천문학에서 이런 별은 여하튼 간에 굉장한 흥미를 자아낸다. 한편으로는 태양의 형제 별을 연구함으로써 태양계가 어떻게 형성되었는지를 알아낼 수 있기 때문이다. 우리의 태양은 근처의 대부분의 다른 별들과는 확연히 다른 성분을 가지고 있다. 따라서 태양은 태어난 뒤, 탄생 지역에서 사뭇 멀리 떠나온 것이 틀림없다. 태양의 형제 별들을 알게 되면, 어떻게 그런 일이 있었는지 이해할 수 있을지도 모른다.

이 밖에도 태양의 형제들이 있는 영역은 생명체가 서식할 수 있는 행성을 수색하는 데 있어 좋은 후보지가 될 것이다. 우리는 지구상에 일찌감치 생명이—또는 최소한 생명 탄생에 필요한 화학 원소가—존재했음을 알고 있다. 태양이 아직 형제들 사이에 있었을 때에도 이런 생명의 싹이 존재했을 것이다. 소행성 충돌로 인해 지구로부터 생명의 구성 요소나 심지어 미생물이 포함된 조각들이 근처 다른 별의 행성들로 날아가서 생명을 탄생시켰을 수도 있다. 반대로 지구가 다른 별의 행성으로부터 생명의 씨앗을 옮겨 받았을 수도 있다. 어쨌든, 태양의 형제 별 찾기는 천문학적인 관점에서 상당히 흥미로운 일이다.

㊸

게자리 40

회춘의 비밀

별과 성단의 나이

게자리Cancri 40은 우리에게서 630광년 떨어진 별이다. 이 별은 이른 바 '청색 낙오성blue straggler'이다. 이런 기묘한 천체는 오랜 세월 천문 학자들을 헷갈리게 만들었다. 원래는 이 별이 이런 상태로 있을 수 없기 때문이다.

1953년 미국의 천문학자 앨런 샌디지Allan Sandage는 구상성단 M3 을 관측했다. 구상성단에 속한 천체들은 같은 가스 구름에서 거의 같 은 시기에 생성된 것들이다. 생일이 같은 것이다. 그러나 발전 과정은 서로 다르다. 질량이 큰 별은 온도가 더 높고, 내부의 핵융합이 더 빠 르게 진행된다. 그래서 질량이 작은 작은 별들보다 수명이 더 짧다.

구상성단을 관측하면 많은 별이 생의 마지막 단계에서 한껏 부풀 어 올라 적색거성이 된 것을 볼 수 있다. 반면 그보다 질량이 더 작은 별들은 평범한 모습이다. 오래된 성단일수록 많은 적색거성을 보유 하고 있는 것이다. 따라서 어떤 성단에서 적색거성의 수와 평범하게 빛을 발하는 별의 수를 비교하면, 성단의 나이를 꽤 정확하게 가늠할 수 있다.

그 별이 젊음을 간직한 이유

그러나 샌디지는 연구하던 도중에 몇몇 이상한 별들을 보았다. 그들은 밝고 파르스름한 빛을 내고 있었다. 이것은 그 별이 고온이고, 질량이 아주 크다는 표시였다. 그런데 이 성단에서 이런 파르스름한 별들과 질량이 비슷한 다른 별들은 이미 오래전에 적색거성이 되어 있었다. 모든 별이 같은 시기에 태어났기에 이런 파란 별들은 존재할 수 없을 텐데 어떻게 된 것일까? 파란 별로 남아 있기에는 나이가 많은 별들이 샌디지에게 자신의 젊은 면모를 과시하고 있었다.

이런 별들의 회춘 비결은 시간이 흐르며 밝혀졌다. 상당히 급진적인 요법이었다. 별 중심부에 핵융합의 연료인 수소가 바닥나면 별은 적색거성으로 부풀어 오르기 시작한다. 더 오래 살고 싶으면 융합을 할 수 있는 새로운 물질들을 외부로부터 공급받아야 한다. 그런데 서로 아주 가까이 위치하는 쌍성의 경우 쉽게 연료를 추가로 공급받을 수 있다. 쌍성 중 하나가 일찌감치 부풀어 오르기 시작하고, 다른 별이 충분히 가까이에 있는 경우, 부풀어 오르며 죽어가는 별의 물질이 동반성에 흘러들게 된다. 그러면 물질을 공급받은 별은 그 시점부터 더 밝게 빛나고, 더 온도가 높아져서, '청색 낙오성'으로서 두 번째 생을 시작하게 되는 것이다.

그러나 게자리 40은 이런 과정을 통해 젊어진 것이 아니다. 여기서는 그보다 더 강력한 회춘 요법이 작용한 것으로 보인다. 게자리 40은 다른 별과 충돌했던 것 같다. 이 충돌에서 질량이 작은 두 별이 합쳐져 하나의 큰 별로 태어났고, 새로운 삶을 시작할 수 있었다.

44

171 Puppis A
금과 은은 어떻게 세상에 오게 되었을까

무거운 원소 형성에 촉매가 되는 중성자

'고물자리'라는 예쁜 이름의 별자리에 171 Puppis A라는 별이 있다. 이 별을 보는 건 쉽지 않다. 광도가 약하기 때문이다. 육안으로는 이 별이 내는 하얀빛을 봐도 이 별이 무엇으로 구성되어 있는지 알 수 없다. 하지만 인공 눈, 즉 성능 좋은 망원경으로 보면 별의 구성 요소를 분석할 수 있다. 이 별은 2010년 유럽 남방 천문대의 카밀라 율 한센Camilla Juul Hansen 팀이 정확히 관측한 71개 별 중 하나였다. 이들은 금과 은이 어디에서 생겨나는지를 규명하고자 했다.

138억 년 전 우주가 막 생겨났을 때 우주에 존재하는 화학 원소는 상당히 제한적이었다. 수소가 가장 많았고, 그다음으로 헬륨이 있었으며, 소량의 리튬과 그보다 더 적은 베릴륨이 있었다. 주기율표의 나머지 원소들은 별 내부의 핵융합을 통해 비로소 생겨난 것들이다. 헬륨 원자들은 별 내부에서 탄소와 산소로 융합했고, 탄소와 산소로부터 다시금 더 무거운 원자들이 생겨났다. 그리고 나중에 철까지 탄생했다.

철은 문제가 많은 원소다. 철을 제외한 주기율표의 다른 모든 원소는 융합하면서 언제나 에너지를 방출한다. 그러나 두 철 원자를 융합하려면, 반대로 에너지를 조달해야 한다. 연쇄 핵반응을 통해 별의 내부에서 새로운 원소들이 생겨날 수 있는데, 철에서는 연쇄 핵반응이 중단된다. 그러므로 금이나 은 같은 모든 무거운 원자들은 다른 경로를 통해 생겨나는 것이 틀림없다.

금과 은이 만들어지기 위해서는 중성자가 필요하다. 중성자는 원자핵 구성요소인데 전하를 띠지 않는다. 그래서 중성자는 양전하를 띠는 원자핵 속으로 문제없이 들어갈 수 있다. 역시나 원자핵의 구성요소인 양성자는 튕겨져 나오는데 말이다. 그리하여 중성자를 어느 원자핵에 충분히 들여보내면, 원자핵은 불안정해져서 붕괴한다. 거기서 일어나는 핵반응에서, 원자핵 안에 들어가 있던 중성자 몇몇이 양성자로 변화되고 이제 금이나 은 같은 새로운 안정된 원자가 생성된다.

입자가속기로 이런 과정을 의도적으로 유도할 수 있다. 그러나 우주 어디에 가속기가 있을까? 아직 확실하진 않지만 천문학자들은 우주에서 금, 은 같은 원자가 생성되는 데 두 가지 방식이 있을 거라고 보고 있다.

첫째, 나이 많은 커다란 별들의 중심부에서는 어느 순간 수소와 헬륨의 융합이 마비된다. 단지 바깥층에서만 원소들이 융합된다. 그곳에서 중성자가 많이 생겨날 수 있고, 이들이 무거운 원소를 생산하는 데 촉매 역할을 할 수 있다.

둘째, 별이 초신성 폭발로 생애를 마칠 때도 중성자가 많이 만들어져서 역시나 촉매 역할을 할 수 있다. 이 두 가지 방식으로 발생하는 중성자들이 무거운 원소들의 형성을 돕는데, 첫 번째 방식에서는 그 일이 느리게 일어나고, 두 번째 방식은 빠르게 진행된다. 그리하여 이 두 방식을 약간 진부한 명칭이지만, 'Slow'와 'Rapid'의 앞 글자를 따서 'S-과정', 'R-과정'이라 부른다. 총생산량에서 이 두 과정이 얼마의 비중을 차지하는지는 아직 밝혀지지 않았다. 어디서, 어떤 조건에서 그런 과정들이 잘 작동할 수 있는지도 아직 모른다.

아직 밝혀지지 않은 제3의 방법

그런데 카밀라 율 한센 팀이 171 Puppis A와 다른 별들을 연구하여 규명한 바에 따르면 금과 은이 만들어지는 제3의 과정이 있는 듯하다. 한센 팀은 다양한 질량, 다양한 발전 단계에 있는 별들을 살펴보고, 그런 별들에서 어떤 무거운 원소들이 얼마나 있는지를 알아보았다. 물론 데이터는 별의 특성에 따라 많이 차이가 난다. 그러나 무거운 원소들이 같은 과정을 통해 같은 방식으로 생성된다면, 그 양도 특정 기준에 따라 달라져야 할 것이다. 가령 무거운 별이 가벼운 별보다 더 많은 은을 생산한다면, 금도 무거운 별이 더 많이 생산해야 할 것이다. 한센 팀은 그런 연관을 발견하기도 했다. 그러나 오히려 정확히 반대로, 은이 더 많이 생산될수록, 금은 더 적게 발견되는 경우도 많았다.

따라서 금과 은은 다른 경로로 생성되는 듯하다. 무엇보다 은의 생성은 단순히 R 과정과 S 과정으로는 설명되지 않았다. 알려지지 않은 제3의 과정에 여기에 참여하고 있는 것처럼 보였다. 초신성 폭발이나 노후한 별들 말고도 무거운 원소를 생산하는 다른 장소와 현상들에 대한 가능성이 보인 것이다. 그중 몇몇 현상은 이미 발견되었다. 가령 중성자별이 블랙홀로 합쳐지는 고에너지 현상도 그것이다. 그런 현상은 중력파 관측 같은 신기술을 통해서만 연구가 가능하다. 그 외 또 가치 있는 인식들이 우주 저 바깥에서 우리를 기다리고 있을지 모를 일이다.

공기펌프자리 알파성
도구함이 된 하늘

새로운 하늘, 이름 없는 별자리

공기펌프자리 알파성Alpha Antliae은 사실 특기할 만한 것이 그다지 없다. 눈에 잘 띄지도 않고 다른 무수한 별들과 별다를 게 없다. 이 별에서 가장 흥미로운 것은 아마 이름일 것이다. 그는 이름에서 유추할 수 있듯 '공기펌프자리Antlia'의 가장 밝은 별이다. 'Antlia'는 펌프를 뜻하는 그리스어인데, 지금은 공기펌프자리의 이름이 되었다. 그런데 누가 별자리에 이런 이상한 이름을 붙여줄 생각을 한 걸까?

이 별자리에 공기펌프라는 이름을 붙여준 사람은 프랑스의 천문학자 니콜라 루이 드 라카유Nicolas Louis de Lacaille였다. 1750년 그는 남아프리카의 케이프타운으로 탐험을 떠났다. 다른 행성들이 지구로부터 얼마나 떨어져 있는지를 측정하고자 했기 때문이다. 어떤 행성을 지구상의 다른 지역에서 관측하면, 즉 서로 다른 방향에서 우주를 올려다보면 행성의 위치가 약간 이동한 것처럼 보인다. 그런데 이런 위치 변화로부터 그 행성에 이르는 거리를 계산할 수 있으며 관측 지점이 서로 멀리 떨어져 있을수록 더 정확하게 계산할 수 있다.

유럽의 동료들이 관측 데이터를 기록하는 동안 라카유는 남반구로 길을 나섰다. 그리고 거기에 천문대를 세우고 행성뿐 아니라, 약 1만 개의 별을 관측했다. 그러고는 이 데이터를 기초로 남반구의 성도를 제작하고, 그곳에 기존에 알려진 별자리를 기입했다. 하지만 그는 아직 기입되지 않은 별자리가 많다는 것을 확인하게 되었다.

하늘에 계몽사상을 담다

문학, 예술, 철학과 마찬가지로 유럽의 학문도 고대 그리스, 로마의 영향을 많이 받았다. 천문학도 예외가 아니었다. 하지만 지중해 지역에서는 남반구에서 보이는 별들을 관측할 수 없었고, 결과적으로 남반구에서 보이는 별들은 기존의 성도에 포함되지 않았다. 그리하여 그런 별들을 날개 달린 페가수스나 카시오페이아 같은 여왕에 빗대는 이야기도 지어낼 수 없었다. 물론 남반구 주민들이 별과 연결 지어 지어낸 이야기들이 있기는 했지만, 17, 18세기 유럽의 탐험가와 연구자 들은 그것에 별로 관심이 없었다.

어쨌든 라카유는 남반구 하늘의 커다란 영역에 아직 별자리가 없는 실정임을 깨닫고는 지체 없이 몇몇 별자리를 고안했다. 이때 라카유는 계몽 시대를 기념하여 대부분의 별자리에 학술 도구 이름을 붙였고, 20세기에 별자리를 공식적으로 재정리할 때 그가 지은 이름들이 받아들여졌다. 그리하여 공기펌프(당시 공기펌프는 연구에 쓰이던 도구로, 요즘처럼 바람 빠진 자전거 바퀴에 바람을 넣는 용도가 아니었다)자리뿐만 아니라 나침반자리, 망원경자리, 콤파스자리도 있고, 시계자리, 조각칼자리, 이젤자리, 육분의자리, 팔분의자리, 직각자자리, 현미경자리, 화로자리도 생겼다.

이 도구들은 북반구 별자리의 영웅과 신들, 다른 신화적 존재들의 낭만성을 약간 방해하는 것처럼 보인다. 한편에는 직각자와 시계, 한편에는 안드로메다 공주를 구하기 위해 바다의 고래 괴물(고래자리)과 싸우는 페르세우스라니!

이 모든 낭만적 별자리는 북반구에서 볼 수 있다. 그러나 공기펌프자리와 화로자리에 대해서는 무슨 드라마틱한 이야기를 할 수 있을까? 하지만 라카유도 옳았다. 학술 도구는 활용되지 않고 구석에 놓여 있으면 단조롭게 보일지도 모른다. 그러나 우리가 이것들 덕분에, 그리고 이것들과 함께 우주에 대해 알아낸 것은 그 어떤 신화보다 더 흥미롭지 않은가.

W75N(B)-VLA2
계속 뜨거워져야만 해

별 제작 레시피

별이 되는 건 쉬운 일이 아니다. 그러나 별이 생성되는 메커니즘은 정말 간단하게 요약할 수 있다. 충분히 많은 물질들을 취해서 강하게 응축시키면, 어느 순간 그 모든 것이 아주 뜨거워져서 원자들이 서로 융합하기 시작하고, 이런 핵융합에서 에너지가 방출된다. 그러면 별이 빛을 발하게 된다.

그럼, 별은 어떤 '물질'로 만들어질까? 사실 아무래도 상관없다. 이 레시피에 따르면 계피로 된 별도 만들 수 있다. 충분한 계피를 동원해서 무더기로 쌓을 수 있다면 말이다. 그러나 지구 말고 우주에 존재하는 계피는 상당히 제한된 양이라서, 진짜 '계피별'은 만들어질 수 없을 것이다.

별은 주로 수소로 이루어진 방대한 우주 구름으로부터 탄생한다. 구름이 자신의 무게로 인해 수축하면, 내부가 뜨거워지고 복사열이 외부로 방출되면서 수축하는 힘을 거스르는 압력이 발생하기 시작한다. 온도가 충분히 뜨거워져서 그 압력이 중력을 상쇄하게 되면, 중력 수축은 멈춘다.

원시별의 질량 손실

이렇게 생겨난 것은 아직은 별이 아니다. 여기서 별까지는 먼 길을 더 가야 한다. 그것은 아직 W75N(B)-VLA2 같은 원시별도 아니다. 이 별은 더 예쁜 이름으로 불려도 손색없는 원시별로서, 지구에서 약 4200광년 떨어져 있고, 현재 태양의 여덟 배 정도의 질량을 가지고 있다. 계속해서 질량을 불려가고 있는데, 간혹 질량을 잃어버리기도 한다. 멕시코의 천문학자 카를로스 카라스코-곤살레스Carlos Carrasco-Gonzalez 팀은 2015년 바로 이런 질량 손실을 관측하고 매우 열광했다.

오늘날 우리가 관측하고 있는 원시별이 되기까지 W75N(B)-VLA2는 위에서 언급한 과정을 약간 더 지속해야 했다. 원시별보다 더 앞선 '원시-원시' 단계의 별들은 별이라기보다 뜨거운 구름이라고 말하는 것이 더 정확할 것이다. 바깥층에서 계속해서 새로운 가스가 구름 위로 떨어지고, 이를 통해 발생하는 충격파가 별의 중심부를 계속 가열한다. 별의 중심부는 수소 분자로 이루어진다. 즉 서로 결합된 두 개의 수소 원자로 말이다.

수소는 흔히 원자 두 개가 결합되어 분자의 형태로 존재한다. 하지만 이런 분자 안에 충분한 에너지가 숨어 있으면 분자는 쪼개진다. 따라서 구름의 중심부에 조성된 열은 이제 수소 분자를 쪼개는 데 사용된다. 그러나 가스 입자들은 이런 열이 없으면 더 이상 빠르게 운동할 수가 없어서 수축을 막을 힘을 유지할 수 없으므로 다시금 중력으로 인한 붕괴가 일어나고, 구름은 더 수축한다.

그러면 더 뜨거워지고, 어느 순간에 다시 기체 압력을 만들어낼 만큼 열기가 충분해진다. 그럼 이제야 농축된 구름에서 원시별이 되는 것이다! 원시별은 여전히 많은 가스와 먼지에 둘려 있으며, 이들이 별 내부로 계속해서 쏟아져 내려오고 이를 통해 별 내부의 밀도와 온도가 상승한다. 물질은 별에 이르러 질량을 높이기 전에 별 주변에 원반처럼 모여든다. 그러나 일부는 다시 우주로 떨어져 나간다. 이것은 원시별이 만들어낸 자기장이 일부 가스를 밖으로 밀쳐내기 때문이다.

이 모든 일이 어떻게 진행되는지는 아직 완전히 밝혀지지 않았다. 그러나 일부에서 추측만 해오던 현상을 W75N(B)-VLA2에서 구체적으로 관측할 수 있었다. 1996년 이 원시별이 가스를 둥근 구름 형태로 분출하는 모습이 사진으로 찍혔다. 그런데 18년 뒤에 찍은 새로운 사진들에서는 이런 둥근 구름이 확연히 납작해진 것을 볼 수 있었다. 이것으로 구름의 물질이 별이 생성되는 동안 원시별 주변에 두꺼운 링처럼 배열된다는 가정이 확인되었다. W75N(B)-VLA2가 분출한 물질이 그냥 아무렇게나 사방으로 확산되지는 않은 것이다.

그러나 W75N(B)-VLA2가 진짜 별이 되려면 자신 주변에 모여 있는 물질들을 처리해야 한다. 다음 몇만 년 동안 그 물질들은 계속해서 원시별로 떨어져서 별을 더 밀도 높고 뜨겁게 만들 것이다. 그러다 어느 순간 내부 온도가 진짜 핵융합을 실행할 만큼 충분해질 것이다. 그리고 나면 원시별은 별이 되고, 우리는 하늘에서 한껏 빛을 발하는 그의 모습을 볼 수 있을 것이다.

HIP 13044
천문고고학

더는 존재하지 않는 은하를 연구하다

이 별은 원래 눈에 잘 띄지 않는다. 태양보다 조금 더 크고, 아주 조금 더 뜨거우며, 우리로부터 약 2300광년 떨어져 있다. 그러나 나이는 태양의 두 배다. 이렇게 긴 세월을 살아오는 동안 그는 약간의 우여곡절을 겪었다. 그는 사실 다른 은하에서 태어나 아주 먼 길을 달려 우리은하에 도달했다. 젊은 시절 그는 자신이 태어난 은하가 우리은하에 너무 가까이 접근하여, 우리은하에 의해 뿔뿔이 흩어지는 걸 목격해야 했다. 그 이래로 그는 고향을 잃은 다른 별들과 무리를 지어 우리은하의 중심을 돌고 있다.

HIP 13044는 천문고고학의 연구 대상이다. 천문고고학이란 더 이상 존재하지 않는 은하를 연구하는 일을 약간 우스갯소리처럼 표현한 명칭이다. 우주의 모든 것이 그러하듯 거대한 은하들도 운동을 한다. 그러다가 두 은하가 충돌하기도 하는데, 이때 자동차 두 대가 충돌했을 때와는 사뭇 다른 일이 일어난다. 아무것도 부서지지 않고, 아무것도 실제로 충돌하지 않는다. 엄밀히 말하자면 하나가 다른 하나와 부딪히지 않는다. 두 개의 어마어마하게 큰 계system 는 오히려 서로 관통하다시피 하며 중력을 통해 상호 영향을 미친다. 그런 충돌이 마무리되기까지는 수백억 년이 걸리는데, 계속해서 어지럽게 움직이다가 마침내 하나로 합쳐진다.

두 은하 중 하나가 상대적으로 훨씬 크면 작은 은하가 큰 은하에게 그냥 먹혀버릴 수도 있다. 우리은하도 오랜 시간 이와 같은 운동을 해왔다. 우리은하에 다가오는 작은 항성계는 우리은하의 중력으로 말미암아 우선 길게 늘어진 다음 뿔뿔이 흩어진다. 그리고 마지막에 일군의 별 무리가 남아 우리은하 주변을 도는 것이다. 이런 별들이 외부 은하에서 왔다는 것은 이들이 움직이는 방식으로 알 수 있다. 그들 모두는 같은 방향으로, 거의 같은 속도로 움직이지만, 움직이는 면이 은하의 나머지 별들과 다르다.

이런 별 무리를 '별 흐름stellar stream'이라고 부른다. HIP 13044는 1999년 아르헨티나의 천문학자 아미나 헬미Amina Helmi 팀이 발견한 별 흐름에 속한다. 오늘날 '헬미 흐름Helmi Stream'이라 불리는 이 별 흐름은 길게 띠를 이루고 우리은하 중심을 돌고 있다. 이 흐름에 최대 1억 개 정도의 노후한 별들이 있을 것으로 추정된다.

외부 은하의 화석

HIP 13044도 그중 하나다. 이 별은 2010년 센세이션을 일으켰다. 하이델베르크 소재 막스 플랑크 천문학 연구소의 학자들이 이 별을 도는 행성을 발견한 것이다. 당시 이미 태양 외의 다른 별들에 속한 행성, 즉 외계 행성이 족히 몇백 개나 알려져 있었다. 그러나 외부 은하에서 태어난 별의 행성은 처음이었고, 이런 외부 은하의 행성이 천문학계에 새로운 인식을 가져다줄 것으로 보였다.

천문학계의 흥분과 기대는 매우 컸다. 그러나 얼마 안 가 이 일은 결국 김칫국을 마신 일로 드러나고 말았다. 2014년 밝혀진 바에 따르면 당시 관찰 데이터를 분석하면서 오류가 빚어졌고, 사실 HIP 13044는 행성을 거느리고 있지 않은 것으로 나타났다.

하지만 별 흐름은 많이 있다. 지금까지 거의 스물 몇 개가 확인되었다. 그러므로 언젠가는 이런 흐름에서 진짜 행성을 발견할 수 있을 것이다. 이 같은 외부 은하의 '화석'이 발견되면, 존재하지 않는 것으로 밝혀진 HIP 13044의 행성이 줄 수 있었을 소중한 데이터를 얻을 수 있을 것이다.

KIC 4150611
우리는 더 많은 삭망이 필요하다!

천체들이 일직선 상에 놓일 때

천문학에서 내가 가장 좋아하는 용어는 바로 'Syzygy'라는 단어다. 어감이 멋지고 자음들에 계속 'y'가 붙은 것이 재미있다. 그러나 Syzygy는 비단 정서법상으로만 흥미로운 것이 아니다. Syzygy는 세 천체가 정확히 일렬로 서는 상황을 가리키는 말이다. 우리말로 '삭망朔望'이라 일컫는 이 단어는 주로 태양, 달, 지구와 관련해서 사용된다.

달이 지구에서 볼 때 완전히 일직선으로 태양 앞에 있으면 일식을 관찰할 수 있다. 그리고 지구가 태양과 달 사이에 끼어서 정확히 일렬이 될 때는 월식이 나타난다. 이 단어는 완전히 일직선이 되지는 않아도 어느 정도 직선으로 배열될 때도 쓰인다. 달이 한 달에 한 번 지구를 공전해도 매달 일식과 월식이 나타나지는 않기 때문이다. 지구가 태양과 달 사이에 있지만, 완전히 일직선 상에 있지 않으면, 월식이 아니라 보름달이 뜬다.

먼 우주의 삭망

그런데 삭망은 먼 우주에서도 볼 수 있다. 가령 KIC 4150611은 하나의 별이 아니라, 다섯 개의 별로 되어 있다. 고독하게 혼자서 길을 가는 우리의 태양과는 달리 많은 별들은 하나 또는 여러 개의 동반성을 가지고 있다. 두 별이 서로를 도는 쌍성이 가장 많지만, 그 이상의 여러 별로 이루어진 다중성도 있다(지금까지 알려진 바에 따르면 일곱 개의 별로 이루어진 다중성도 있다). 쌍성을 제외하고 다중성을 이루는 별의 수가 많을수록 희귀해진다. KIC 4150611와 같은 오중성은 고작 몇십 개 정도 발견되었다. 그러므로 420광년 떨어진 오중성 KIC 4150611은 아주 특별한 경우라 하겠다.

우리가 운이 좋고, 쌍성을 이루는 어느 두 별이 적절한 면에서 서로를 돌 때, 이 별들과 지구 사이의 삭망을 관측할 수 있다. 우리가 볼 때 한 별이 다른 별과 규칙적인 간격을 두고 일렬로 배치되는 것이다. 물론 그럴 때라도 별빛이 어두워지는 현상은 나타나지 않는다. 두 별 모두 빛을 내기 때문이다. 하지만 두 별 중 어느 것이 앞에 오느냐에 따라 우리에게 도달하는 별빛이 달라진다.

이렇게 한 별이 다른 별을 가려 별빛이 변화하는 '식변광성'은 중요하다. 빛의 변화로부터 별의 크기뿐 아니라, 정확한 공전주기를 계산할 수 있고, 그 값을 활용해 별의 정확한 질량을 파악할 수 있기 때문이다. 보통의 경우 이런 값들을 계산하는 것은 굉장히 까다롭고 계산 결과도 상당히 부정확하다. 그러나 '식변광성'의 경우는 이런 값이 비교적 식은 죽 먹기로 주어진다.

KIC 4150611를 이루는 다섯 천체도 지구에서 볼 때 여러 종류로 삭망 형태를 이룬다. 이 오중성의 가장 밝은 별은 규칙적으로 서로 긴밀히 연결된 두 쌍성에 의해 가려진다. 한편, 이 쌍성들 스스로도 주기적인 간격을 두고 서로 일렬로 배치된다. 나머지 두 별 역시 서로를 돌며 정기적으로 서로를 가린다.

따라서 KIC 4150611은 상당히 뒤죽박죽이다. 이렇게 어지러운 환경이니 아마 행성이 있을 자리는 없을 것으로 보인다. 하지만 그곳에도 어떤 생명체가 산다면 그들은 'Syzygy'라는 말을 우리보다 더 높이 평가할 것 같다.

（49）

케페우스자리 델타성
맥동하는 별

환경에 굴복하지 않은 탐구 정신

미국의 여성 천문학자 헨리에타 스완 레빗이 없었다면 우리는 우주가 얼마나 큰지 알지 못했을 것이다. 케페우스(세페우스)자리 델타성 Delta Cephei이 없었대도 그랬을 것이다. 케페우스자리 델타성은 헨리에타 스완 레빗 연구의 주된 대상이었으니 말이다. 이 별은 우리에게서 887광년 떨어져 있으며, 육안으로도 잘 보인다. 그러나 그의 광도가 주기적으로 변화한다는 것은 18세기 말이 되서야 발견되었다. 그리고 헨리에타 스완 레빗이 하버드에서 연구를 시작한 것은 그 뒤거의 100년이 흐른 뒤였다.

그녀는 하버드 천문대에 고용된 '계산원'이었다. 당시 연구소에서 수학적 계산을 수행하는 사람들을 계산원이라고 일컬었다. 하버드 천문대 소장 피커링은 계산원으로 주로 여성을 고용했다. 당시 여성들은 똑같은 일을 하더라도 남성들보다 더 적은 임금을 받았기 때문이다.

레빗과 나머지 하버드 계산원들은 적은 급료를 받고 일했다. 그러나 급료가 적다고 하여 이들의 일이 무가치한 것은 아니었다. 천문대에서 이들에게 데이터를 분석하고, 별을 분류하는 등의 지루하고 일상적인 일들만 맡기기는 했지만, 자신들이 취급하는 데이터들이 어떤 의미가 있는지 생각하는 것까지 막을 수는 없었다.

헨리에타 스완 레빗은 임무를 수행하는 가운데 주기적으로 밝기가 변하는 별들이 있다는 것에 주목했다. 그녀는 그런 별들이 왜 밝기가 변하는 것인지 정확히 알지는 못했지만 그런 별들을 표로 정리하기 시작했고, 그 가운데 비교적 밝은 별들은 어두운 별들보다 밝기 변화의 주기가 길다는 것을 깨달았다. 이런 발견만 가지고는 사실 할 수 있는 것이 별로 없었다. 그도 그럴 것이 우리가 지구에서 보는 광도는 별의 겉보기 밝기에 불과하기 때문이다. 별이 어느 정도 떨어져 있는지 알지 못하는 한, 어느 별이 정말로 밝은 별인지, 아니면 단지 우리에게 가까이 있기에 밝게 보이는 것인지를 알 수가 없다. 그리고 별까지의 거리 측정은 꽤 복잡하며 즉석에서 실행할 수 있는 것이 아니다.

그러나 레빗은 그녀가 기록하던 별들만큼은 이런 일반적인 감안이 필요 없다는 것을 깨달았다. 그녀가 표에 기록한 모든 별은 '소마젤란은하'에 속한 별들이었기 때문이다. 소마젤란은하는 우리은하에 딸린 작은 위성 은하로, 우리에게서 약 20만 광년 거리에 있다. 그리하여 대략적으로 이 위성 은하에 속한 모든 별이 우리에게서 거의 같은 거리에 있다고 추정할 수 있다. 따라서 그곳에서 더 밝게 보이는 별들은 어둡게 보이는 별들보다 실제로도 더 밝은 것이다. 헨리에타 스완 레빗은 1912년 이로부터 이른바 '주기-광도 관계'를 정립했다.

세페이드 변광성으로 우주의 크기를 가늠하다

그녀는 오늘날 케페우스자리 델타성의 이름을 따서 '세페이드(또는 세페이드 변광성)'라 불리는 일군의 별들을 대상으로 이런 관찰을 했다. 바로 밝기에 따라 광도 변화의 주기가 달라지는 별들로, 레빗은 이런 별들을 관찰하고 표를 작성했다. 오늘날 우리는 왜 밝은 별일수록 광도 변화의 주기가 긴지를 알고 있다. 그것은 복사선이 별의 대기를 얼마나 잘 투과하는지 보여주는 '카파 메커니즘Kappa mechanism' 때문이다. 별의 대기가 별의 온도가 높을수록 복사선을 더 잘 투과시킬 수 있는 상태이면 피드백 메커니즘이 일어나, 대기가 교대로 별의 내부에서 나오는 복사선을 더 많이 통과시켰다가, 더 조금 통과시켰다가 하게 되고, 이로 인해 별의 온도가 높아졌다 낮아졌다 하면서 밝기도 변화하게 된다. 이런 맥동 속도는 별이 기본적으로 얼마나 밝고 뜨거운지에 달렸다.

그러나 시대적으로 나중에 발견된 이런 메커니즘을 알지 못한다 해도 헨리에타 스완 레빗이 발견한 법칙 덕분에 세페이드 변광성에 속한 별들까지의 거리를 측정할 수 있다. 광도 변화의 주기와 겉보기 광도는 쉽게 관측할 수 있으며, 레빗의 '주기-광도 관계' 법칙으로부터 진짜 광도를 계산할 수 있고, 진짜 광도와 겉보기 광도를 비교함으로써 별까지의 거리를 계산할 수 있었다.

헨리에타 스완 레빗은 우리에게 세페이드 변광성들의 거리를 측정하는 법을 알려주었고, 그럼으로써 우주의 크기가 얼마나 되는지를 좀 더 자세히 알 수 있게 해주었다.

베들레헴의 별
메시아의 상징

《성경》에 등장하는 그 별은 실존했는가

베들레헴의 별은 크리스마스 시장에서 파는 뱅쇼와 마찬가지로 크리스마스의 상징이다. 그러나 뱅쇼와는 달리 베들레헴의 별은 《성경》에도 등장한다. 〈마태복음〉에 세 사람의 '동방박사' 이야기가 나온다. 그들은 예수의 탄생에 함께 하고자 했고, GPS가 아닌 별의 인도로 예수가 탄생한 장소를 찾아간다. "동방에서 본 그 별이 그들 앞에 나타나서 그들을 인도해 가다가, 아기가 있는 곳에 이르러서 그 위에 멈추었다."

이것이 베들레헴의 별에 대한 유일한 보고다. 물론 천문학적으로 볼 때는 너무나 빈약한 정보다. 이 밖에는 세상 어느 곳에도 이런 특별한 천체 현상을 관찰했다는 보고가 없다. 그럼에도 학자들은 오랜 세월 정말 열심히 이런 현상을 학문적으로 설명하고자 노력해왔다. 그리하여 베들레헴의 별은 별이 아니라 긴 꼬리를 가진 혜성이 아니었겠냐는 이야기도 많이 나왔다. 14세기의 화가 조토 디 본도네Giotto di Bondone 가 자신의 작품에서 베들레헴의 별을 혜성으로 그렸던 것이 혜성 버전의 시초가 아닐까 싶다. 조토 디 본도네는 진짜 혜성에서 영감을 받아 이런 그림을 그린 것으로 보인다. 76년을 주기로 지구에 접근하는 핼리 혜성은 본도네가 살았던 시기에도 꽤 주목받던 천문 현상이었고 육안으로 관찰할 수 있었다. 하지만 예수가 탄생했던 즈음에는 핼리 혜성이 지구 근처에 있지 않았으며, 오늘날 알려진 바에 따르면 그 시기 지구에 다가왔던 혜성은 없었다.

요하네스 케플러는 베들레헴의 별이 초신성, 즉 핵융합을 할 수 있는 내부의 연료가 다 바닥난 뒤 커다란 폭발을 하여 생애를 마치는 별이었을 것이라 추측했다. 이런 초신성 폭발이 정말로 지구에서 가까운 곳에서 일어났다면, 하늘에서 한동안 '새로운 별'을 볼 수 있었을 것이기 때문이다. 이런 설명은 원칙적으로는 성서의 보고에 위배되지 않는다. 그러나 당시에 초신성 폭발이 있었다면, 그 흔적을 오늘날에도 관찰할 수 있을 것이다. 하지만 기원전에서 기원후로 넘어오는 그 전환기에 일어났을 법한 초신성 폭발의 잔재는 그 어느 곳에서도 찾아볼 수 없다.

베들레헴의 별을 목성과 토성의 '합conjunction'으로 보는 이론도 인기가 있다. 천문학에서 두 천체가 일직선 상에 놓여 겹쳐 보이는 현상을 '합'이라 부른다. 이런 가설은 빈의 천문학자 콘라딘 페라리 도히에프Konradin Ferrari d'Occhieppo가 제기한 것으로 그는 이를 놀랍게도 점성술을 이용해 해석했다. 점성술에서 목성과 토성은 유대 민족을 상징하고, 물고기자리는 팔레스타인을 상징한다. 따라서 예수 탄생의 시기에 목성과 토성이 물고기자리에서 만났다면 이를 팔레스타인에서 유대인의 왕이 탄생한다는 징표로 해석할 수 있다는 것이다.

믿거나 말거나다. 점성술은 학문이 아니고, 점성술로는 모든 것을 끼워 맞춰 설명할 수 있기 때문이다. 이 밖에도 긴밀한 '합'은 두 행성 사이에 일어나는 것이지 《성경》이 기술한 대로 별이 보여주는 현상이 아니다. 무엇보다 동방박사들이라면 이런 차이를 분명히 알 수 있었을 것이 아닌가.

시대가 만들어낸 별

한편 베들레헴의 별의 본질을 설명하려는 모든 시도의 문제는 그 별이 진짜 있었다고 믿는 것이다. 《성경》은 사실을 기록한 텍스트가 아니며, 학술적인 저작물은 더더욱 아니다. 《성경》은 그것이 쓰인 시대에 통용되었던 서사 구조와 모티프, 주제를 따른다. 그리하여 역사적, 문학적 인식에 기반한 가장 그럴듯한 이론에 따르면 베들레헴의 별은 사실 단순한 창작이었을 가능성이 높다. 마태가 예수 탄생의 의미를 강조하기 위해 삽입한 우주적 '신분 상징'이었던 셈이다.

이런 모티프와 서술 방식은 그 시대 로마의 역사 서술에서 특별한 것이 아니었다. 로마의 역사가 수에토니우스에 따르면 예수가 탄생하기 불과 몇십 년 전에 세상을 떠난 유명한 율리우스 카이사르도 '자신의 별'을 가지고 있었다고 한다. 카이사르가 죽은 뒤 하늘에서 밝게 빛나는 천체를 그가 '신성神性'을 가지고 있었다는 표시로 해석했다. 그러므로 마태는 카이사르에게도 별이 있었는데 하물며 예수에게 별이 없어서는 안 된다고 보았을 수도 있다.

우주에 아무것도 없는 곳은 존재하지 않는다.

아무것도 없어 보이는 곳일지라도
언제나 새로운 발견이 기다리고 있다.

아르크투루스
무지개는 알고 있다

돌진하는 별과 시선속도

목동자리의 알파성 아르크투루스(대각성)는 거성이다. 우리 태양보다 25배 크고 200배 밝다. 하지만 질량은 태양과 비슷하다. 그런데도 그렇게 크고 밝은 것은 아르크투루스가 생애의 마지막 단계에 다다르고 있기 때문이다. 원래 작은 편이었던 이 별은 굉장히 부풀어 올라 적색거성이 되었고, 그의 붉은빛 덕분에 망원경 없이도 잘 보이게 되었다. 이 별은 봄이 되면 처녀자리의 알파성 스피카와 사자자리의 알파성 레굴루스와 함께 하늘에 인상적인 '봄의 대삼각형'을 그려낸다.

아르크투루스의 또 한 가지 특별한 점이 있는데, 바로 속도다. 아르크투루스는 그 어떤 밝은 별보다 더 빠르게 운동한다. 그는 지금도 태양계 방향으로 초속 122킬로미터라는 어마어마한 속도로 돌진하고 있다. 그렇다고 해서 얼마 안 가 우리와 충돌하지 않을까 겁먹을 필요는 없다. 그의 '시선속도radial velocity'는 초속 5킬로미터 남짓밖에 되지 않기 때문이다.

천문학에서는 어느 천체의 속도를 형태에 따라 여러 가지로 나누곤 하는데, 천체가 관측자의 시선 방향으로 가까워지거나 멀어지는 속도를 '시선속도'라 한다. 아르크투루스가 초속 122킬로미터 속도로 운동하고 있기는 하지만, 지구에서 보면 사실 비스듬하게 우리를 스쳐 가는 궤도다. 그리하여 현재 아르크투루스와 지구 간의 거리는 초속 5킬로미터로밖에 줄어들고 있지 않으며, 약 4000년이 지나면 다시금 우리에게서 멀어지게 될 것이다.

스펙트럼선이 말해주는 또 한 가지

천문학에서 어느 별의 시선속도를 중요하게 보는 까닭은 빛을 연구함으로써 시선속도를 구할 수 있기 때문이다. 특별한 광학기기를 사용하면 별빛을 다양한 성분에 따라 여러 가지 색깔로 분광시킬 수 있는데, 그렇게 하여 얻은 무지개를 '스펙트럼'이라 부른다. 스펙트럼 안에는 보통 '스펙트럼선'이라는 게 나타난다. 스펙트럼선은 별을 구성하는 가스의 원자들이 별빛의 일부를 차단해버림으로써 생겨나는데, 각각의 화학 원소마다 특유의 패턴을 만들어내 무지개의 어느 부분에 선이 나타날지를 정확히 예측할 수 있다.

그러나 그것은 별이 우리의 관점에서 움직이지 않을 때만 그렇게 된다. 별이 우리로부터 멀어지거나 우리에게 다가오면, 마치 경찰차의 사이렌 소리가 우리 곁을 지나갈 때와 같은 일이 일어나게 된다. 차량이 우리에게 다가오거나 멀어질 때 사이렌의 음높이가 달라지는 것과 같은데, 별의 경우는 음파가 아니라 빛이 변화한다. 즉 음높이 대신에 빛의 주파수, 색깔이 달라지는 것이다.

우리에게 다가오는 광원의 빛은 스펙트럼선이 무지개의 파란 끝부분으로 치우치게 된다. 그리고 광원이 우리에게서 멀어지면 스펙트럼선이 붉은 쪽으로 이동한다. 이렇듯 스펙트럼선이 원래 나타나야 할 곳이 아닌 다른 자리에 나타나면, 그 차이를 이용하여 시선속도를 계산할 수 있다.

이런 효과는 별이 그냥 운동하는 것이 아니라 이쪽저쪽으로 '비틀거릴 때' 특히 흥미롭다. 별이 이렇게 흔들리는 것은 무엇보다 행성 때문이다. 가령 지구가 1년에 걸쳐 태양을 공전하는 동안 지구의 중력으로 말미암아 태양도 작은 원을 그리며 조금씩 움직인다. 이것을 멀리서 관찰하면 마치 반년간은 관찰자에게로 약간 다가오고, 그다음에는 다시 멀어지는 것처럼 보인다.

따라서 이런 경우 스펙트럼선의 '편이shift'는 주기성을 띠게 된다. 적색 편이와 청색 편이가 교대되는 것이다. 이런 편이의 주기로부터 그것을 유발하는 행성의 질량이 얼마나 되는지, 그리고 그 행성이 별을 공전하는 데 시간이 얼마나 걸리는지를 계산할 수 있다. 태양계 외부 행성을 최초로 발견한 것도 바로 이런 방법 덕택이었고, 그 이후로도 이 방법을 이용해 그런 행성들을 줄줄이 발견할 수 있었다.

하지만 지구와 같은 행성을 발견하려면 굉장히 정확하게 계산해야 한다. 지구가 유발하는 태양 시선속도의 주기적인 변화는 기껏해야 초속 9센티미터밖에 되지 않기 때문이다. 슬렁슬렁 주변을 돌아다니는 사람보다 더 느린 움직임이다. 때로는 별들도 이렇게 유유자적한 것이다.

(52)

용자리 감마성
그래도 지구는 돈다!

결정적 증거가 된 어떤 별의 알 수 없는 움직임

1632년 종교재판에 회부되어 억지로 지동설을 부인해야 했던 갈릴레이는 법정을 나오면서 "그래도 지구는 돈다!"라고 반항적으로 중얼거렸다고 한다. 그런데 사실 이 이야기는 낭설이다. 게다가 당시 교회가 지구중심설, 즉 천동설을 신봉했다고 하는데 사실은 그렇지 않다.

17세기엔 점점 지동설이 확산되고 있었고, 18세기엔 지구가 태양 주위를 돌고 있다는 사실을 의심하는 사람은 거의 없었다. 하지만 지구가 태양을 공전하고 있다는 직접적인 증거는 비교적 뒤늦게 나왔다. 1725년에 용자리 감마성Gamma Draconis이 결정적인 증거가 되어주었는데, 그 일은 약간 놀랍게 진행되었다.

용자리 감마성은 말 그대로 용자리에 속하는, 북극점 부근에서 볼수 있는 상당히 밝은 별이다. 영국의 천문학자 제임스 브래들리는 용자리 감마성을 관측하여 시차를 재고자 했다. 지구가 연중 태양을 돌고 있다 보니 서로 다른 계절에 서로 다른 방향에서 용자리 감마성을 보면 겉보기에 위치 차이가 발생하는데, 그 사이 각도를 재려 했던 것이다. 이런 시차로부터 지구와 그 별 사이의 거리를 계산할 수 있다. 하지만 그때까지 그렇게 한 사람은 아무도 없었다. 브래들리는 선구자가 되고자 했고, 실제로 1년 내내 용자리 감마성을 관측하여 이 별의 위치가 변한다는 것을 증명할 수 있었다.

하지만 그 위치 변화는 브래들리가 기대하던 종류의 운동이 아니었다. 별이 예상과 다른 방향으로 움직인 것이다. 용자리 감마성은 1년 간 하늘에서 작은 타원형을 그렸고, 브래들리는 이 별이 왜 그런 운동을 보이는지 알지 못했다. 처음에는 달이 행사하는 중력의 영향으로 말미암아 지구가 약간 흔들린다고 생각했다. 하지만 그렇다면 용자리 감마성의 맞은편 하늘에 보이는 별도 정확히 그와 대칭적으로 타원형의 운동을 보여야 할 것이었다. 그런데 관측을 해보니 유감스럽게도 그렇지 않은 것이었다.

광행차의 발견

이런 이상한 현상을 설명하기 위해 이런저런 궁리를 한 끝에 브래들리는 두 가지 가능성을 점쳤다. 첫 번째 가능성은 빛이 무한히 빠르게 움직이지 않는다면 한 지점에서 다른 지점으로 갈 때 시간이 필요하므로 망원경의 위쪽 끝에서 아래쪽 끝으로 갈 때도 시간이 걸릴 수 있다는 것이다. 두 번째 가능성은 지구가 태양을 돌 때 생기는데, 별이 방출한 광선이 망원경의 끝에서 끝까지 움직이는 동안에도 지구는 태양 주위를 돌 것이다. 이때 지구가 정확히 별빛이 오는 방향으로 움직이면 아무 일도 일어나지 않을 것이다. 하지만 지구가 다른 방향으로 움직이면 망원경도 움직이게 되므로 별빛은 망원경의 아래쪽 끝에 가면 약간 이동해서 도착하게 된다. 이런 효과는 별의 광선과 지구의 운동 방향 사이의 각도가 클수록 더 커진다.

게다가 태양 주위를 도는 지구의 공전운동으로 말미암아 1년간 계속해서 변화하게 되며, 브래들리와 같은 관측자에게는 별빛이 서로 다른 시기에 서로 다른 방향에서 망원경으로 떨어지는 것처럼 보이게 된다.

브래들리가 마침내 발견해낸 이 효과를 '광행차Abberation'라고 부른다. 이로써 브래들리는 지구가 태양을 공전하는 현상을 최초로 증명한 사람이 되었다. 브래들리가 이 발견과 함께 "그래도 지구는 돈다!"라고 외쳤을지도 모른다는 상상은 우리를 흥분시킨다. 그러나 갈릴레이와 마찬가지로 그도 그렇게 하지는 않았다.

메라크
지극성

북두칠성은 별자리가 아니다

메라크Merak 는 큰곰자리의 밝은 별들인 북두칠성 중 하나다. 국자 모양의 북두칠성은 누구나 손쉽게 찾을 수 있고, 많은 사람이 이 또한 별자리라고 생각한다. 그러나 사실 북두칠성은 별자리가 아니고, '성군asterism '이다. 성군은 공식적인 별자리와 달리 특별한 의미를 지니는 별의 집단을 일컫는 말이다.

의식적으로 하늘을 올려다보며 별들을 관찰한 이래, 인류는 이런저런 형상을 이루는 별들을 그룹 짓고 그런 형상을 자신들의 전설과 결부시켰다. 이야기들은 시대와 지역에 따라 달라졌으며, 이야기의 중심을 이루는 별들도 늘 같은 것은 아니었다.

전 세계에 통용되는 '공식적인' 별자리는 1928년에 국제천문연맹이 하늘을 여든여덟 개 구역으로 나누면서 비로소 생겨났다. 그리하여 북두칠성의 메라크와 다른 여섯 별은 큰곰자리에 포함되었는데, 그 자체로 별자리는 아니다. 플레이아데스성단도 마찬가지다. 이 역시 오늘날 황소자리에 포함된 성군이다. 어떤 성군은 별자리의 한계를 뛰어넘어 별자리와 무관하게 구성된다. 백조자리의 데네브, 거문고자리의 베가, 독수리자리의 알타이르는 '여름의 대삼각형'이라는 이름의 성군을 이룬다. 이것은—이름에서 연상할 수 있듯이—무엇보다 여름철 북반구에서 잘 보이는 삼각형 모양의 성군이다.

그러나 창조적인 사람들은 훨씬 더 많은 것을 볼 수 있다. 가령 궁수자리에서는 찻주전자를 보고, 여우자리에서는 옷걸이를 본다(물론 망원경이나 쌍안경으로 보아야 볼 수 있다). 기린자리에서는 20개의 별이 일렬로 늘어서서 '켐블의 폭포Kemble's cascade'를 이룬다. 상상력을 이용하면 하늘에서 더 많은 형상들을 발견할 수 있을 것이다.

큰곰자리 운동성단의 별, 메라크

메라크는 국자의 머리를 이루는 별 두베Dubhe와 더불어 '지극성指極星'이라 불린다. 이는 북극성을 가리킨다는 뜻인데, 이 두 별이 이루는 선분을 다섯 배 연장하면 북극성에 닿기 때문이다.

그런데 메라크는 천문학적인 면에서도 꽤 흥미로운 별이다. 이 별은 아주 크고 뜨거운 거성으로 질량은 우리 태양의 두 배이고, 크기는 세 배 정도인데, 온도는 태양보다 약 5000도 높으며, 밝기는 태양의 70배 이상이다. 메라크는 북두칠성을 이루는 다른 별들과 더불어(일곱 별 중 메라크를 포함한 다섯 개의 별) '큰곰자리 운동성단'에 속한다.

운동성단이란 지구에서 보기에 모두 같은 방향으로 운동하는 별들의 무리를 말한다. 이들이 함께 운동성단을 이루는 것은 바로 출신이 동일하기 때문이다. 즉 이들은 약 3억 년 전에 거대한 가스 구름에서 탄생했다. 이런 성단은 우리은하를 통과하며 여행하는 도중에 서서히 해체되고 있다. 별들은 여전히 태어났을 때와 같은 방향으로 운동하고 있지만, 어떤 별들은 조금 더 빠르고 어떤 별들은 조금 더 느리다. 큰곰자리 운동성단의 별들이 무리를 이룬 것이 아니라 서로 멀리 떨어져 있는 것처럼 보이는 것은 이들이 상대적으로 가까운 거리에 있기 때문이다. 이 운동성단의 중심은 현재 우리에게서 약 80광년 떨어져 있는데, 지구와 메라크의 거리는 79광년으로 약간 더 가깝다.

큰곰자리 성단이 멀리 흩어져서 국자 모양의 북두칠성을 더 이상 알아볼 수 없게 되고, 메라크가 두베와 더불어 북극성을 가리키는 지극성 역할을 할 수 없게 되기까지는 아직 상당한 시간이 걸릴 전망이다. 이런 먼 미래에 여전히 인류가 하늘을 올려다볼 수 있다면, 이들은 새로운 형상을 보고, 새로운 이야기를 지어낼 것이다.

GS0416200054
창조적인 시도들

터무니없어 보이는 계획

허블 우주 망원경은 100시간 동안 아무것도 보이지 않는 텅 빈 하늘을 관측했다. 큰곰자리의 아주 작은 허공이었다. 당시의 지식에 따르면 이곳은 아무것도 없는 빈 곳이었다. 그러나 허블 망원경이 공연히 그렇게 했던 것은 아니었다. 사실 우주에서 아무것도 없는 곳은 존재하지 않는다. 아무것도 없어 보이는 곳일지라도 언제나 새로운 발견이 기다리고 있다.

아무것도 보이지 않는 빈 곳을 관측해보자는 생각을 한 건 미국의 천문학자 로버트 윌리엄스Robert Williams 였다. 1995년 당시 그는 허블 우주 망원경의 관리를 담당하는 우주망원경과학연구소Space Telescope Science Institute의 소장이었다. 그러므로 학문적으로 볼 때 그는 정말로 운이 좋았다고 할 수 있다. 허블 우주 망원경으로 우주를 관측할 수 있는 시간은 제한되어 있기에 원한다고 하여 아무나, 아무 프로젝트에나 허블 우주 망원경을 사용할 수 있는 게 아니었기 때문이다. 허블 우주 망원경을 사용하고자 하는 학자는 일단 신청서를 내야 했고, 심사를 거쳐 최상의 프로젝트에 관측 시간이 배당되었다.

그러니 100시간 동안 텅 빈 곳을 들여다보겠다는 황당한 계획은 다른 사람이라면 허가를 받기 힘든 상황이었다. 그러나 윌리엄스는 다름 아닌 연구소의 소장이었기에 그는 원하는 만큼 관측 시간을 할 당받을 수 있었다. 윌리엄스는 이런 계획을 통해 은하들이 어떻게 형 성되고 어떻게 발달하는지를 알고자 했는데, 이를 위해 그는 가능한 한 먼 우주를 들여다보아야 했다. 멀리 있는 천체일수록, 오랜 시간 을 달려온 빛일수록 우리에게 우주의 오랜 과거를 보여줄 것이기 때 문이다. 그러므로 아직 젊은 은하들을 볼 수 있는 곳에 망원경의 초 점을 맞추어야 했던 것이다.

그런데 이것은 먼 은하의 빛을 방해하는 것이 아무것도 없을 때라 야 가능하다. 가까운 곳에 있는 다른 밝은 별빛에 먼 은하에서 오는 빛이 가려져서는 곤란했다. 따라서 하늘이 완전히 비어 있는 곳, 아 니 비어 있는 것처럼 보이는 곳에 초점을 맞추어야 했다. 물론 윌리 엄스에 따르면 우주에 정말 비어 있는 곳은 없었다. 은하들은 곳곳 에 있다. 그러므로 관측을 방해하는 것이 없게끔 시야를 확보하기만 하면, 텅 빈 것처럼 보이는 공간에도 은하들이 우글거리고 있을 것 이었다.

예측은 정확했다. 허블은 그 작은 부분에서 3000개도 넘는 은하 의 모습을 포착해냈다. 이 파노라마 사진은 '허블 딥 필드Hubble Deep Field'라는 이름으로 유명해졌고 오늘날까지 이 사진으로 500편 이상 의 논문이 쓰였다. 텅 비어 보이는 하늘이 젊은 우주에 대한 지식의 원천으로 드러난 것이다.

발상의 전환이 보여준 가능성

몇 년 뒤 빈 대학교 천문대와 콘스탄체 츠빈츠 팀은 또 하나의 창조적인 생각에 이르렀다. 허블 망원경 사용 허가를 받아 직접 관측하지 않고도 새로운 인식에 이를 수 있음에 착안한 것이다. 츠빈츠는 별의 특별한 광도 변화에 관심이 있었는데, 이는 우주 망원경으로 쉽게 측정이 가능하다. 무엇보다 어떤 별을 장기간 관측할 수 있으면 말이다. 하지만 망원경 사용 허가를 받지 못한다면 어떻게 해야 할까? 허블이 이미 관측해놓은 별들을 활용하면 된다.

〈허블 딥 필드〉를 찍기 위해서는 망원경을 가능하면 정확히 조준해야 했는데, 이때 망원경은 이른바 '안내별Guide Star'을 기준으로 방향을 잡는다. 안내별들은 언제나 같은 별들로서, 위치가 알려져 있는 별들이다. 그중 하나는 GS0416200054라는 이름이 붙은 별로서, 〈허블 딥 필드〉를 촬영하는 10일 동안 언제나 망원경 센서에 잡힌 별이다. 안내별들을 관측한 데이터는 누구나 활용할 수 있었다. 그리하여 츠빈츠와 동료들은 광도 변화를 연구하기 위해 그 데이터를 활용했다.

유감스럽게도 이런 창조적인 시도는 성과를 내지 못했다. 그러나 콘스탄체 츠빈츠 팀은 그런 식으로 연구를 할 수 있음을 보여주었다. 그리고 앞으로 안내별을 선정할 때, 망원경이 방향을 잡는 데 기준이 될 뿐 아니라, 새로운 천문학적 발견을 가져다줄 별들로 선정하면 더 효과적일 수 있다는 생각도 하게 해주었다. 별들로부터 가능하면 많은 우주 지식을 얻고자 하는 연구자들의 창의력은 한계를 모른다.

55

PSR B1919+21
무거운 죽음

중성자별의 탄생 과정

물질은 다른 물질과 붙어 있으려 한다. 경우에 따라서는 이런 경향을 막을 수가 없다. 중력은 한 방향밖에 모른다. 시종일관 끌어당긴다. 그리하여 한 장소에 물질이 충분히 많이 모여 있으면 그 물질은 자신의 무게로 말미암아 계속해서 수축한다. 이후 일어나는 일은 이런 붕괴를 거스를 수 있는 힘이 있느냐 없느냐에 따라 달라진다.

보통의 별에서 중력을 거스르는 힘은 복사압이다. 물질이 아주 밀도 높게 응축이 되고, 아주 뜨거워져서 핵융합이 일어나면 복사선이 방출되어 중력을 상쇄할 수 있다. 그러나 어느 순간 핵융합이 끝나면, 다시금 중력이 우세해진다. 중력은 물질의 원자를 계속 압축하는데, 얼마나 강하게 이 일이 일어나는가는 별의 질량에 달려 있다. 우리 태양처럼 비교적 작은 별의 경우 원자들이 촘촘이 달라붙으면 붕괴는 끝난다.

그 메커니즘은 이러하다. 양자역학에 따르면 두 전자는 같은 시간에 같은 장소에 있을 수 없는데, 원자 껍데기는 전자들로 이루어진다. 그리하여 붕괴하는 별에서 중력이 원자들을 더욱 응축시키면 이제 전자들이 점점 더 빠르게 이리저리 운동하게 되는데, 이때 발생하는 '축퇴압'이 붕괴를 막아준다. 이렇게 만들어지는 별이 바로 '백색 왜성'이다.

하지만 우리 태양보다 훨씬 더 질량이 큰 별의 경우, 축퇴압도 붕괴를 저지하지 못한다. 중력이 축퇴압을 압도해버릴 만큼 세기 때문이다. 그러면 중력이 원자 껍질의 전자들을 원자핵 속으로 '짓이겨버리다시피' 한다. 좀 더 정확히 표현하자면, 음전하를 띤 전자들이 양전하를 띤 원자핵 속의 양성자들과 상호작용을 하게 되고, 여기서 중성자(역시나 원자핵의 구성 요소다)가 생겨나고 중성미자neutrino가 방출된다. 중성미자는 극도로 가벼운 소립자로서, 보통은 다른 물질과 전혀 상호작용을 하지 않는다.

원자가 중성자로 변화함으로써 별의 중심부의 밀도가 전보다 높아지는 한편, 수많은 중성미자들이 어마어마한 속도로 별에서 밖으로 튀어나간다. 이런 고에너지 입자들은 그때에 별 바깥 부분에 아직 존재하는 가스층과 거의 접촉하지 않는다. 그리하여 별이 붕괴하여 별의 외부 층이 밀도 높은 핵과 충돌하며, 거기서 충격파가 생겨나 내부에서 외부로 퍼져나갈 때 별의 바깥층도 함께 딸려 나가게 된다. 그 결과가 바로 우리가 '초신성'이라 부르는 어마어마한 폭발이다. 초신성 폭발 후에는 중성자로 이루어진 고밀도의 중심부만 남게 된다.

죽은 별이 보내온 전파

이런 '중성자별'은 이제 뮌헨 정도 크기의 도시만큼 작아진다. 하지만 그럼에도 질량은 우리 태양보다 크다. 기자의 거대 피라미드 900개를 티스푼 하나로 압축시키면, 아마 중성자별을 구성하는 물질의 밀도와 맞먹을 것이다.

커다란 별들이 생애를 마치는 곳마다 중성자별이 탄생할 것이다. 물론 크기가 아주 미미하기 때문에 관측하기 힘들다. 하지만 간접적으로는 가능하다. 어마어마하게 물질이 응축되면서 원래 약했던 별의 자기장의 밀도가 높아지고 훨씬 더 강해진다. 또한 회전속도가 어마어마해진다. 피겨 스케이팅 선수가 팔을 몸에 바짝 붙이면 더 빨리 돌 수 있는 것과 같은 이치다. 중성자별은 1초에 1000번 이상을 자전할 수 있는데, 이때 그의 강한 자기장이 초신성 폭발에서 남은 가스 구름을 휩쓸어 굉장히 빠른 속도로 우주로 던져버린다. 그러면서 입자들이 복사선을 방출한다. 빛은 아니다. 하지만 긴 파장의 전파 신호다. 이런 전파는 자기장 축 방향으로 뿜어져 나온다.

이런 중성자별을 '펄사Pulsar'라 부르는데, 이 별은 축을 중심으로 회전할 때마다 매번 전파를 우주로 방사한다. 그리하여 이 전파가 '서치라이트'처럼 지구를 스치면, 우리는 신호를 수신할 수 있다. 펄사는 우리에게 주기적으로 강한 전파 펄스를 보내는 우주적 무선 신호처럼 감지된다.

이런 현상을 맨 처음 관측한 것은 1967년 영국의 천문학자 조셀린 벨Jocelyn Bell 이었다. 그녀는 전파망원경으로 연구를 하던 중에 PSR B1919+21이 내는 전파 신호를 발견했다. 그러고는 지도 교수와 더불어 이 중성자별에 'Little Green Man'의 약자를 따서 "LGM-1"이라는 이름을 붙여주었다. 당시에는 주기적으로 전파를 뿜어내는 펄사의 존재가 알려지지 않았기에 혹시 외계 문명이 이상한 신호를 보내오는 게 아닐까 의심해서 이렇게 이름을 붙인 것이었다. 하지만 이런 전파원이 외계 문명이 아니라는 게 밝혀지기까지는 오래 걸리지 않았다. 얼마 안 가 계속해서 이런 전파원이 발견되었고, 그 전파원의 정체는 외계인 못지않게 특이한 것이었다. 우주에는 죽은 별들이 있고, 이 별들이 규칙적으로 우주로 전파를 보내고 있었던 것이다.

56

카노푸스
음수로 표기된 등급

겉보기 밝기로 별을 분류하다

카노푸스(노인성)는 용골자리의 별로서 밤하늘에서 다른 어떤 별보다 밝게 빛난다. 하지만 이 별을 보려면 남반구로 여행을 해야 한다. 밝은 별이지만 중부 유럽에서는 보이지 않는다. '광도계급'이 음수인 별은 단 네 개뿐인데, 카노푸스가 시리우스, 아르크투루스, 알파 켄타우리와 더불어 여기에 속한다. 광도계급이란 천문학에서 어느 별의 겉보기 밝기를 표시하는 등급이다. 카노푸스의 등급이 음수라는 사실은 천문학의 오랜 전통을 보여준다.

하늘의 별들을 겉보기 밝기로 분류하는 것은 고대 바빌로니아 시대들로 거슬러 올라간다. 당시 학자들은 육안으로 보이는 가장 밝은 별들을 1등급, 겨우 보이는 어두운 별들을 6등급으로 정하고 그 사이에 네 개 등급을 두었다. 나중에 고대 그리스 학자들이 이런 '등급 magnitude'을 받아들였고, 히파르코스가 기원전 2세기에 이런 분류 시스템을 기초로 자신의 항성 목록을 작성했다. 그 뒤 이 광도계급은 수백 년간 전해져 내려오다가, 1850년 영국의 천문학자 노먼 포그슨 Norman R. Pogson 에 의해 정량화되었다.

포그슨은 감각과 자극의 상관관계를 나타내는 '베버-페히너 법칙'

을 토대로 작업했는데, 이 법칙에 따르면 어떤 자극을 느끼는 강도는 그 자극 강도의 로그에 비례한다. 즉 어떤 별이 다른 별의 두 배에 해당하는 빛을 우리에게 비춘다 해도, 별의 광도가 다른 별의 두 배만큼 밝게 보이지는 않는다는 말이다. 등급 체계에서 각 등급의 밝기 차이는 2.5배에 해당한다. 즉 포그슨은 1등급의 별이 6등급의 별보다 100배 더 밝게끔 정량화한 것이다. 등급 산정의 기준점은 겉보기 등급 2.1에 해당하는 북극성의 밝기였다.

태양은 −26.73등급

하지만 이후 북극성의 밝기가 시간이 지나면서 약간 변화한다는 것을 알게 되었고, 다른 별들을 기준으로 등급을 정하게 되었다. 그리하여 오늘날 하늘의 가장 밝은 별들은 가장 윗 등급을 벗어나 음수 등급을 가지게 되었으니, 카노푸스의 밝기는 −0.62등급이다. 이보다 더 밝게 보이는 천체는 시리우스와 몇몇 행성밖에 없다. 화성은 −2.91등급까지 밝아질 수 있고, 금성은 −4.6등급에 이른다. 이보다 더 밝은 것은 달과 태양 정도로, 태양은 −26.73등급까지 올라간다.

천문학에서 가장 밝은 별들의 밝기를 음수로 표시한다는 것은 언뜻 보면 정말 이상해 보인다. 최고로 밝은 별들의 밝기 등급이 음수라니. 그러나 이 단위에서는 등급의 숫자가 작을수록 천체가 더 밝은 것이다. 그리고 등급은 선형적이지 않고 대수적logarithmic이다.

물론 이 모든 것을 다른 방법으로 정량화할 수도 있을 것이다. 그러나 바빌론에서 이런 분류 방법을 활용했고, 고대 그리스에서도 그렇게 했으니, 우리도 자연스럽게 그렇게 하고 있다. 천문학은 세상에서 가장 오래된 학문이고, 때로는 전통을 따라야 하는 법이기 때문이다.

57

에타 카리나이
용골자리의 구멍

거의 모든 별이 현존하고 있다

"밤하늘에 보이는 별들은 실제로는 그 자리에 존재하지 않는다. 그리고 그중 많은 별은 이미 오래전에 사라져버렸다." 우리는 이런 말을 종종 듣는다. 굉장히 매력적으로 들리지만, 틀린 말이다. 물론 우주에서 보이는 빛이 과거의 빛이라는 건 원칙적으로 맞는 말이다. 빛은 약 초속 30만 킬로미터로 굉장히 빠르게 전진한다. 하지만 별들 사이의 거리는 상당히 멀어서 우리에게 오기까지 별빛은 수십, 수만 년을 달려온다. 그러므로 우리가 보는 별들은 과거의 별들이며 먼 은하를 관측할 때는 심지어 몇십억 년 전의 과거를 들여다보는 셈이다.

하지만 육안으로 보이는 별들의 경우 상황은 그렇게까지 첨예하지는 않다. 육안으로 보이는 별들은 거의 우리은하에 속한 별들로서, 기껏해야 수천 광년 안쪽의 거리에 있다. 그러니까 그들의 빛 역시 몇천 년 정도를 달려 우리에게 온 것인데, 별의 수명은 보통 수십억 년에 달하므로 몇천 년 정도는 별에겐 굉장히 짧은 시간이다.

그리고 별들이 은하를 통과하여 운동을 하기는 하지만, 그 공간이 너무나 넓기 때문에 우리는 잘 알아채지 못한다. 정확한 측정 도구로는 위치 변화를 기록할 수 있지만, 육안으로는 위치 변화를 느낄 수 없다. 변화를 느끼려면 수십, 수백 년을 계속해서 정확히 주시하고 있어야 할 것이다.

따라서 우리가 보는 별들은 보이는 자리에 계속 존재하며, 앞으로도 대부분 그렇게 있을 것이다. 물론 영원히 계속되지는 않을 것이다. 모든 별은 언젠가 생애를 마치게 된다. 내부에 핵융합을 할 수 있는 연료가 바닥이 나면 빛을 발하기를 중단한다. 하지만 관측 데이터를 이용하면 우리는 별의 수명이 얼마나 남았는지를 어느 정도 정확히 파악할 수 있다. 그리고 우리 주변에서 가까운 미래에 생애를 마칠 수 있는 별들은 극소수다.

대폭발을 앞둔 별

에타 카리나이Eta Carinae가 그중 하나다. 이 별은 '용골'(선박 바닥의 중앙을 받치는 길고 큰 재목)이라는 예쁜 이름의 별자리에 속한 별로서, 질량이 태양보다 100~200배 많은, 존재하는 별 중에서 가장 무거운 축에 드는 별이다. 이렇게 큰 별은 엄청난 고온으로 밝게 타오른다. 이 별의 광도는 우리 태양의 500만 배를 웃돈다. 그런데 별은 뜨겁게 타오를수록 수명이 짧으므로 에타 카리나이의 수명은 300만 년도 안되며, 이미 연료의 상당 부분을 소비한 상태다.

생애의 마지막에 다다랐다는 것은 행동에서도 드러난다. 계속해서 커다란 폭발이 일어나 바깥층의 일부가 우주로 떨어져나가고 있는 것이다. 19세기 중반 이런 폭발로 말미암아 에타 카리나이는 한동안 밤하늘에서 두 번째로 밝은 별로 등극했다. 그런 다음 다시 어두워져서 20세기 초에는 육안으로는 더 이상 분간할 수 없게 되었었지만 현재는 광도가 다시 높아진 상태다. 다음 대폭발은 단지 시간문제인 것으로 보인다. 에타 카리나이는 곧 완전히 폭발해서 하늘에서 사라질 것이다.

그렇다고 우리가 그로 말미암아 용골자리에 구멍이 생기는 모습을 볼 가능성이 있는 것은 아니다. 그도 그럴 것이 여기서 '곧'이라는 말은 천문학적인 시각으로 이해해야 하기 때문이다. 별이 곧 폭발할 거라지만, 그 시점은 최소 수만, 수십만 년 뒤가 될 것이다. 어쩌면 더 걸릴지도 모른다.

58

알페카
북쪽 왕관의 색깔 없는 영점

광도 측정의 기준이 되는 무색 별

알페카Alphekka 는 북쪽왕관자리Corona Borealis 라는 예쁜 이름을 가진 별자리에서 가장 밝은 별이다. 그 모습이 왕관에 붙은 보석과 같다 하여 종종 '겜마(Gemma, 진주)'라고도 불린다. 하지만 오색으로 다채롭게 빛나는 보석은 아니다. 태양으로부터 75광년 떨어진 알페카는 하얀색으로 빛난다. 어떤 의미에서는 색깔이 아예 없다.

미국의 천문학자 해럴드 존슨Harold Johnson 과 윌리엄 모건William Morgan 은 알페카 별을 'UBV 측광계'의 영점으로 활용했다. 이것은 별의 밝기를 규정하는 광도 측정photometric 시스템이다.

천문학자들은 대부분의 시간을 자신의 눈을 활용해 하늘을 관측한다. 망원경이 발명된 뒤에도 변함이 없다. 망원경을 통해 전보다 더 잘, 더 많이 볼 수 있게 되었지만, 빛은 결국 여전히 하늘로부터 인간의 눈으로 떨어지는 것이기 때문이다. 19세기 들어 천문학에서 사진술이 점점 더 중요한 역할을 하게 되면서, 광도를 정하는 일이 약간 더 복잡해졌다.

광도는 관측되는 빛의 색깔에 따라서도 달라지기 때문이다. 눈으로 볼 때 우리는 늘 보이는 색깔이 다 뒤섞인 상태를 본다. 그러나 사진 건판은 빛의 색깔에 따라 감도가 다르다. 그리하여 사진 건판에 나타난 별의 밝기는 우리 눈으로 지각되는 밝기와 차이가 날 수 있다. 그리하여 지금 어떤 색깔의 빛인지를 늘 정확히 명시하고, 이런 색의 빛만 건판에 떨어지게 해야 한다. 이를 위해 활용되는 것이 측광 시스템이다. 정확한 빛의 파장을 정하고, 이런 영역에서만 별의 밝기를 비교하는 것이다.

UBV 측광계와 색지수

UBV 시스템에서는 364나노미터의 파장을 가진 자외선(Ultraviolet, 자외역), 442나노미터의 파장을 가진 파란빛(Blue, 청색역), 540나노미터의 파장을 가진 노란빛(Visual, 실시역)의 세 가지 필터로 천체를 관찰한다. 노란빛이 '실시역'이라 불리는 이유는 이 영역에서 우리 눈이 가장 잘 볼 수 있기 때문이다.

전형적인 별은 이런 세 파장 영역 각각에서 밝기가 서로 다르다. 그리고 이를 활용하여 이른바 '색지수color index'를 표시할 수 있다. 어느 별이 실시역보다 청색역에서 더 강한 빛을 발하면, 그는 노란빛보다 파란빛을 더 강하게 방사하는 것이고, 이런 두 빛의 밝기로부터 나오는 색지수(B-V)는 음수가 된다(이 역시 이상하게 들리지만, 정말로 그렇다. 천문학에서 밝기를 나타내는 숫자는 별이 밝을수록 더 작기 때문이다). 이 경우 별은 파란색에 가깝다.

반대로 색지수가 양수로 나오는 건 불그레한 빛을 내는 별이다. 색지수 시스템은 별의 색깔을 수학적으로 정확히 묘사할 수 있게 한다. 그러나 모든 시스템은 '영점zero point'을 필요로 한다. 하얀빛을 내는 별은 모든 색깔의 밝기가 거의 같아 색지수 0을 갖는다.

존슨과 모건은 자신들의 시스템에 정확한 눈금을 매기기 위해 측광 시스템에 영점으로 활용할 수 있는 아주 밝고 흰빛을 내는 별들을 찾았다. 그 별 중 하나가 바로 알페카였다. 그리하여 알페카는 북쪽 왕관의 색깔 없는 보석이 되었다.

바너드별
화살처럼 빠르고 논란이 분분한

모든 것이 움직인다

항성을 영어로 'fixed star'라고 한다. 즉 붙박이로, 움직이지 않고 있는 별이라는 뜻이다. 이 말은 하늘의 별을 일컬을 때 곧잘 쓰이는데, 사실 별은 붙박이로 고정되어 있지 않다. 다만 그렇게 보일 따름이다. 바너드별Barnard's Star은 이를 보여주는 최고의 예다.

바너드별은 눈에 잘 띄지 않는 별이다. 육안으로는 전혀 볼 수가 없다. 하지만 바너드별은 지구에서 5.9광년밖에 안 떨어진, 우리와 아주 가까운 별이다. 바너드별보다 태양에 더 가까운 별은 켄타우루스자리 알파성밖에 없다. 그러나 태양계와 가깝다는 사실이 바너드별을 특별하게 만드는 건 아니다. 물론 바너드별의 외모도 마찬가지다. 그는 적색왜성에 불과하고, 그런 왜성은 굉장히 흔하다. 다만 바너드별은 우리에게 'fixed star'가 결코 'fix' 되어 있는 게 아니라는 걸 아주 명확하게 보여준다.

별은 언뜻 움직이지 않는 것처럼 보인다. 우리가 볼 수 있는 운동은 지구의 자전으로 인한 겉보기 운동이다. 지구가 자전함으로써 온 하늘이 하루에 한 번씩 우리를 중심으로 돈다. 하지만 별들 상호 간의 위치는 변함없다. 오늘날 우리 눈에 보이는 하늘은 수백 년 전 선조들이 봤던 하늘의 구조와 똑같다.

따라서 별들이 움직이지 않는다고 생각하는 것은 자연스러운 일이다. 이해할 수 있다. 그러나 이는 틀린 지식이다. 우주의 모든 것이 움직인다. 별들도 예외가 아니다. 우리은하의 모든 별은 은하 중심을 돈다. 태양은 은하의 중심을 도는 데 약 2억 2200만 년이 걸리고, 다른 별들은 더 빠르거나, 더 느리게 돈다. 그런데 은하 자체도 움직인다. 별들을 거느린 다른 무수한 은하들과 마찬가지로 우주에서 운동한다.

그러나 은하 중심을 도는 별들의 운동은 태양을 도는 행성들의 공전운동처럼 규칙적이지는 않다. 별들은 서로 중력을 통해 영향을 주고받음으로써 계속 운동 방향이 바뀐다. 그리하여 항성마다 '고유운동proper motion'을 한다. 따라서 지구에서는 별들이 아주 오랜 세월에 걸쳐 위치를 바꾸는 것을 볼 수 있다. 그러나 별들이 멀리 있기에 육안으로 그 운동을 분간할 수는 없다. 육안으로 보아 조금이라도 느낄 수 있는 차이를 확인하려면 몇천 년간 하늘을 관측해야 할 것이다. 그러나 18세기 말경에 들어 양질의 망원경과 정확한 측정 도구를 활용하여 별의 운동을 측정하는 데 성공했다.

질주하는 별에 딸린 행성

그 뒤 1916년에 미국 천문학자 에드워드 에머슨 바너드Edward Emerson Barnard가 당시 알려지지 않았던 별 하나가 매우 빠른 속도로 운동을 한다는 것을 발견했다. 그 별은 그의 이름을 따서 '바너드별'이라 불리게 되었다. 바너드별은 현재 초속 146킬로미터로 우리에게 질주해 오고 있다. 그러나 지구와 충돌할 염려는 없고, 약 1만 년 뒤 3.75광 년 떨어진 거리에서 지구를 스쳐 갈 전망이다.

바너드 별은 이후 1960년대에 다시 한번 이목을 집중시켰는데, 네 덜란드의 천문학자 반 드 캄프Peter van de Kamp 가 바너드별 주위에서 목성보다 거의 두 배 큰 행성을 발견했다고 주장했기 때문이다. 바 너드별이 움직이면서 약간씩 이리저리 흔들리는데, 그것이 바너드별 주위를 도는 행성이 미치는 중력 때문으로 보인다고 했다. 사실로 밝 혀지기만 한다면, 이 발견은 그야말로 센세이션이라고 할 수 있었다. 당시 천문학자들은 다른 별이 거느린 행성을 찾기 위해 정말 오랫동 안 심혈을 기울이고 있었기 때문이다. 하지만 캄프의 주장에 모든 학 자들이 솔깃해했던 것은 아니었다. 자료를 정확히 분석한 결과 바너 드별의 동요는 과거 캄프가 망원경을 정비하고 보정했기 때문에 생 겨난 것으로 확인되었다.

다른 학자들의 관측도 캄프의 가설을 확인해줄 수 없었고, 최근의 훨씬 더 발전된 기기들도 바너드별 근처에 캄프가 주장했던 커다란 행성은 없음을 보여주었다.

그런데 2018년 놀랍게도 연구자들은 바로 그 자리에 정말로 행성 이 하나 있음을 알게 되었다. 하지만 바너드별의 행성의 크기는 캄프 가 예상했던 것보다 훨씬 작았다. 지구 질량의 세 배 정도에 불과했 던 것이다. 가설이 빗나가긴 했지만, 캄프는 어쨌든 자신의 예상대로 행성이 발견되었다는 사실에 기뻐했을 것이다.

60

데네브
분광형의 기준점이 되다

세실리아 페인, 별에 대한 이해를 도모하다

별은 어떤 물질로 이루어져 있을까? 이 질문은 수천 년간 수수께끼로 남아 있었다. 1925년 영국의 천문학자 세실리아 페인이 박사학위 논문을 쓰기 전까지 말이다. 페인이 영국에서 이 논문을 쓴 것은 아니다. 그녀는 케임브리지 대학교의 뉴넘 대학에서 천문학을 공부하긴 했지만, 학위를 받을 수는 없었다. 당시 여성들에게 그것은 허락되지 않았다. 결국 그녀는 케임브리지에서 학업을 마치고 하버드 천문대로 옮겨 그곳에서 박사 논문을 쓰기 시작했다. 페인이 박사 논문을 완성했을 때 당시 동료들은 "천문학계에서 나온 박사 논문 중 단연 가장 빛나는 논문"이라고 극찬을 했다.

페인은 별빛을 연구했다. 정확히 말하자면 별빛에서 무엇이 부족한지(빠져 있는지)를 연구했다. 별 내부에서 바깥층을 통과해 외부로 나올 때, 별빛은 완전한 상태로 나오지 않는다. 별을 구성하는 물질의 원자들이 빛의 일부가 밖으로 나가지 못하도록 차단하기 때문이다. 원자는 원자핵과 전자껍질로 구성되는데, 껍질을 이루는 전자들은 특별한 방식으로 빛을 흡수한다. 원자를 구성하는 전자들의 수와 배치에 따라 각각의 원자는 특정 파장의 빛, 즉 특정 색깔의 빛만을 흡수하는 것이다. 그리하여 어떤 별빛을, 그 빛을 구성하는 색깔로 나누어 인공적인 무지개—스펙트럼—를 만들면, 스펙트럼상 특정 색깔이 결여되고 만다. 전자가 그 색깔에 해당하는 파장의 빛을 흡수해버렸기 때문이다. 그리하여 스펙트럼 해당 부분에 검은 선이 나타난다.

화학 원소는 저마다 특정한 형태의 스펙트럼을 만들어낸다. 가령 수소는 탄소나 산소와는 다른 선을 만들어낸다. 그리하여 별의 스펙트럼선을 이용한다면, 다시 말해 빛을 이용하면 그 별이 어떤 원소로 구성되어 있는지를 알 수 있다.

19세기 말에도 이러한 사실이 알려져 있었고, 학자들은 별을 구성하는 성분을 알아내기 위해 이런 지식을 활용했다. 그러나 페인의 논문에서 확인된 바에 따르면, 제대로 활용하지는 못하고 있었다. 당시 학자들은 태양의 스펙트럼에서 무엇보다 탄소, 규소, 철의 존재를 암시하는 스펙트럼선을 발견했다. 즉 지구를 구성하고 있는 것과 같은 화학 원소들의 존재를 보여주고 있던 것이다. 이는 천체 형성에서 당시에 통용되고 있던 이론에 부합하는 것이었다. 태양과 지구가 동시에 같은 우주 구름에서부터 형성되었다면, 또한 같은 원소로 구성되어 있어야 할 것이기 때문이다. 따라서 태양은 지구와 비슷하되 훨씬 뜨거울 뿐이라고 학자들은 생각했다. 그것은 기본적으로는 맞는 말이다. 하지만 100퍼센트 맞는 말은 아니다. 이것이 바로 페인의 연구 결과였다.

스펙트럼선의 올바른 해석

기존에는 이온화Ionisation 를 제대로 고려하지 않았다. 전자가 에너지를 얻으면 원자껍질에서 전자 위치가 변하거나 심지어 원자에서 완전히 이탈해버릴 수 있다. 이런 원자를 '이온화된 원자'라고 한다. 원자의 전자 수가 변하면 그에 따라 스펙트럼선의 패턴도 변한다. 따라서 어느 별이 어떤 원소로 이루어져 있는지를 정말로 이해하고자 한다면 페인의 동료들이 그때까지 했던 것보다 더 자세히 보아야 하며, 이온화된 원소들이 만들어낼 수 있는 패턴들도 고려해야 한다.

페인은 정확히 그렇게 했고, 태양은 실제로 지구와 동일한 화학 원소로 구성되어 있기는 하지만 지구와 달리 두 가지 원소, 즉 수소와 헬륨이 주를 이루고 있다는 결론을 내렸다. 태양에서 수소는 다른 모든 원소들보다 100만 배는 더 많고 나머지는 주로 헬륨이며, 다른 원소들은 아주 미량만 존재한다는 것이다.

별들은 주로 수소와 헬륨으로 구성된다. 이것은 오늘날 천문학의 기본 지식이 되었다. 페인 덕분이다(결혼 뒤 그녀는 세실리아 페인-가포슈킨이 되었다). 그녀가 연구 결과를 공개했을 때 연구자들은 섣불리 믿어주지 않았다. 게다가 동료들(물론 남성)은 그녀에게 "단지 겉보기만 그렇다."라고 논문에 명시하라고 종용했다. 그러나 그 뒤 점점 더 많은 학자들이 페인과 같은 연구 결과를 내놓으면서 그녀의 주장이 받아들여질 수 있었다. 페인은 당시 별의 스펙트럼선을 어떻게 올바로 해석할 수 있는지를 모두에게 보여주었다.

페인은 자신의 박사학위 논문에서 하나의 별을 특히나 부각시켰

느데, 바로 백조자리의 데네브Deneb였다. 밤하늘에서 가장 밝은 별에 속하는 이 별에 대해 페인은 "스펙트럼에 아주 가늘고 예리한 선들이 많은데, 그중 많은 것들은 아직 어떤 원소에서 비롯되는지 확인이 되지 않았다."라고 적었다. 그렇기 때문에 데네브는 별의 스펙트럼을 이해하는 데 다른 어떤 별보다 더 잠재력이 높은 별이라는 것이다. 페인의 이 판단 역시 틀리지 않았다. 결국 데네브의 스펙트럼은 1943년 이후로 기준점이 되었고 오늘날 별 스펙트럼을 분류하는 데 활용되는 'MK 체계'도 이 값을 토대로 하고 있다.

분광형의 기준점이 되다

61

베타 픽토리스
낯선 세계의 사진들

다른 별의 행성을 '보다'

베타 픽토리스beta pictoris는 화가자리 베타성, 즉 화가자리에서 두 번째로 밝은 별이다. 이 별은 학자들이 오랫동안 애타게 찾아왔던 '어떤' 장면을 확인해주었다. 베타 픽토리스는 이미 늘 눈에 띄게 행동하고 있었다. 이 화가자리의 별은 태어난 지 약 2000만 년 정도밖에 안 된 굉장히 젊은 별이다. 그래서 광도도 늘 약간씩 오르락내리락한다. 1983년 먼지와 가스로 이루어진 원반이 이 별을 둘러싸고 있다는 증거가 발견되면서, 이 별은 원반을 거느린 것이 드러난 최초의 별이 되었고, 학자들은 1984년 이런 원반을 직접 확인할 수 있었다.

그 이후 베타 픽토리스를 둘러싼 원반의 먼지 분포가 전체적으로 균일하지 않다는 게 속속 드러났다. 원반에 덩어리가 진 부분도 있었고 비어 있는 부분도 있었으며, 전체 원반이 이상하게 '굽은 것'처럼 보였다. 이 모든 것은 이 젊은 별 주변의 원반 안에서 '어떤' 일이 실제로 일어나고 있음을 암시해주고 있었다. 바로 행성의 탄생이었다.

2008년 그곳에서 실제로 젊은 행성이 '관측'되었다. 그레노블 대학교의 천문학자 안네 마리 라그랑주Anne Marie Lagrange와 동료들이 행성의 사진을 찍은 것이다.

이것은 당연한 일이 아니다. 다른 별을 도는 행성의 존재는 그때까지 단지 간접적으로만 증명되었기 때문이다. 기존에는 행성이 그 주변에 행사하는 영향력을 통해서만 행성을 간접적으로 발견할 수 있었다. 즉 행성들은 자기들이 공전하는 별을 약간 흔들리게 하거나, 혹은 정기적인 간격으로 그 빛을 약간 어둡게 만들었고, 우리는 행성의 존재를 이런 방식으로 확인해온 것이다.

행성을 '보는 것'은 거의 불가능했다. 행성은 별에 비하면 몸집이 아주 작고, 스스로 빛을 내지도 않기 때문이다. 별빛을 받아 약간의 빛을 반사하기는 하지만, 이런 빛은 훨씬 밝은 별빛 때문에 무색해진다. 어떻게 해서 행성이 반사하는 빛을 망원경으로 포착하는 데 성공한다 하여도, 그것은 단지 수많은 점들 사이에 있는 하나의 점으로밖에 보이지 않을 것이다. 이에 지속적인 분석 없이는 해당 천체가 질량이 어느 정도이고, 어떤 별 주위를 공전하는지 알 수 없고, 관측한 천체가 실제로 행성인지 아닌지를 분간하지 못한 경우도 많았다. 그리하여 어떤 논지를 따르냐에 따라 다른 별의 행성을 최초로 관측한 게 2004년인지 2005년 또는 2008년인지 의견이 갈린다.

아직 뜨겁고 젊기에 가능했던 관측

딸린 행성을 직접 관측한 최초의 별이 아니라 하여도, 베타 픽토리스는 굉장히 이목을 끈 경우에 속했다. 태양계 외부 행성 사진을 직접 찍으려는 노력은 대부분 아주 젊은 별들에 집중된다. 젊은 별이라면 거느린 행성 또한 당연히 젊을 것이고 아직 뜨거울 것이기 때문이다.

그러면 적외선 망원경으로 이런 열기를 곧잘 포착할 수 있다. 적외선 망원경은 우주에 방출되는 천체의 열복사를 감지하기 때문이다.

베타 픽토리스의 사진은 그런 적외선 사진이었고, 그 사진에 질량이 목성의 일곱 배에 달하는 행성이 찍혔다. 그는 태양과 토성 사이 거리와 맞먹는 거리에서 화가자리 베타성을 돌고 있었다. 이후 이 행성은 오랜 시간 관측되었고, 화가자리 베타성을 공전하는 운동 또한 아주 정확하게 포착 되었다. 어떤 행성이 자신의 별을 공전하는 모습을 관측한 것은 천문학 역사상 처음 있는 일이었다. 이 행성의 완전한 한 바퀴 공전은 2029년에 완성될 전망이다.

화가자리에서 관측한 영상은 예외적이다. 모든 의심스러운 경우를 포함한다 해도, 다른 별의 행성을 직접 관측한 일은 현재까지 스물몇 회에 지나지 않는다. 그러나 앞으로는 달라질 것이다. 차세대 우주 망원경을 비롯해 지상에 존재하는 망원경들이 그런 사진을 훨씬 쉽게 촬영할 수 있을 것이고, 그러면 우리는 낯선 세계를 더 많이 볼 수 있게 될 것이다. 그러나 한 가지는 쉽게 변하지 않을 것이다. 그것은 바로 개선된 최신 장비로 보아도 영상에는 여전히 점들만 찍혀 있을 거라는 것. 표면을 자세히 보기에는 행성들은 너무 멀리 있다. 그래서 표면을 구체적으로 보려면 직접 날아가 확인해야 할 것이다.

72 타우리

알베르트 아인슈타인을 유명하게 만든 별

아인슈타인의 상대성이론

황소자리에 있는 72 타우리는 육안으로는 거의 보이지 않는다. 지구에서 420광년 떨어져 있고, 우리 태양보다 두 배 정도 큰 파란빛을 내는 뜨거운 별이다. 언뜻 보면 하늘의 무수한 광원 중 하나로 별로 특기할 만한 게 없어 보이는 별이다.

하지만 이 별은 다른 열두 개의 별과 함께 학문적 혁명을 이룬 주인공이 되었다. 영국의 천문학자 아서 에딩턴Arthur Eddington이 1919년 5월 29일 일식을 관측하고 발표한 논문에서 72 타우리는 10번 별로 등장한다.

에딩턴은 이 관측을 동시에 두 군데서 하고자 계획했다. 그리하여 한 팀은 브라질의 소브랄로 떠났고, 한 팀은 아프리카 서해안의 상투메 프린시페로 갔다. 에딩턴은 날씨가 궂더라도 태양이 어두워지는 현상을 놓치지 않고자 상당히 세심하게 준비했다. 그와 동료들은 최소한 두 장소 중 하나에서, 이상적으로는 두 군데 다에서 세상을 근본적으로 바꿀 관측을 할 수 있기를 바랐다.

그 관측은 바로 알베르트 아인슈타인의 일반상대성이론을 확인하려는 것이었다. 1905년에 이미 특수상대성이론을 발표함으로써 고

전 물리학을 뒤엎었던 아인슈타인은 1915년 특수상대성이론을 확장한 일반상대성이론을 집대성하여 학문적 혁명을 예고했다. 아인슈타인은 일그러질 수 있는 우주를 선보였다. 아인슈타인 이전에 시공간은 불변하는 것으로, 물리학 법칙이 실행되는 무대 같은 것이었다. 그런데 특수상대성이론은 시공간이 절대적인 것이 아니며 속도에 따라 상대적이라는 것을 보여주었고, 이제 일반상대성이론은 '공간'은 단순한 '배경'이 아니고, 중력의 영향력이 미치는 범위라고 말하고 있었다. 아인슈타인에 따르면 우주의 모든 질량은 존재하는 공간을 굽게 한다. 질량이 클수록 더 많이 구부러진다. 그리하여 우주 속의 모든 천체는 운동을 할 때 이런 구부러진 공간의 영향을 받는다.

중력 또는 만유인력으로 지각되는 것은, 다름 아닌 커다란 질량 때문에 시공간이 구부러지는 현상이라는 것이다. 이 이론에 따르면 지구가 태양을 도는 것은 태양이 보이지 않는 끈으로 지구를 잡아당기고 있기 때문이 아니다. 태양이 주변 공간을 구부렸기에 지구는 이런 굽어짐을 따라 운동할 수밖에 없는 것이다.

이론의 증거를 보여준 개기일식

정말이지 센세이션하고 혁명적이지만 증명하기가 힘든 주장이었다. 에딩턴은 바로 이것을 증명하고자 했다. 아인슈타인의 이론에 따르면 광선도 굽은 공간을 따라 전진할 것이다. 따라서 별이 발하는 빛이 태양 곁을 스쳐 지나가면, 광선이 약간 '휘게' 될 것이고, 하늘의 별의 위치가 실제 위치에서 약간 밀려나 보일 것이다.

하지만 이렇게 별의 위치가 원래 위치에서 살짝 밀려나 보이는 현
상은 평소에 관측하기가 어렵다. 일식 때가 아니라면 태양이 너무 밝
아 주변 별빛을 가려버리기 때문이다. 그리하여 에딩턴은 1919년 5
월 29일 개기일식 때 태양 근처에 어떤 별들이 있을지를 계산했다.
그러고는 이런 별들의 위치를 관측하고, 그것을 실제 알려진 위치와
비교하고자 했다. 정말로 아인슈타인의 말이 맞다면, 개기일식이 진
행되는 동안, 별들의 위치는 실제 알려진 위치에서 어느 정도 벗어날
것이었다.

관측은 쉽지 않았다. 구름이 시야를 가렸고, 기후도 관측을 도와주
지 않았다. 그러나 결국 아인슈타인의 명제를 점검할 만한 충분한 양
의 관측 사진을 찍을 수 있었다. 72 타우리의 위치는 개기일식이 진
행되는 동안 정말로 밀려났고, 그것은 정확히 일반상대성이론으로
예상했던 만큼이었다. 다른 별들도 일반상대성이론을 입증해주었다.
에딩턴의 신중한 계산(이 계산은 이후 계속 점검되고 확인되었다)은 정말로 질
량이 공간을 굽게 한다는 것을 보여주었다. 에딩턴은 이렇게 말했다.
"이 결과는, 태양 근처를 지날 때 빛이 굴절하고, 그것이 아인슈타인
의 일반상대성이론이 요구한 값에 해당한다는 것에 대해 별다른 의
심을 허락하지 않는다."

전 세계의 언론은 성공적인 실험 결과와 일반상대성이론이 입증
되었음을 대대적으로 보도했고, 알베르트 아인슈타인은 일약 세계적
으로 유명해졌으며, 천재 과학자의 표상이 되었다. 72 타우리 덕분이
었다.

63

V1
우주에서 가장 중요한 별

우주를 둘러싼 위대한 논쟁

미국의 천문학자 에드윈 허블은 1923년에 그가 찍은 관측 사진에 'N'이라는 글자를 지우고, 대신에 'VAR'이라고 기입해 넣었다. 이로써 그는 우주에 대한 우리의 시선을 영원히 바꾸어놓았다. 그는 추후 'V1'이라는 이름으로 불리게 된 별의 비밀, 그리고 그와 더불어 우주의 진정한 본질을 발견했다. V1은 우주에서 가장 중요한 별이다. 우주의 진정한 규모를 이해하고자 할 때 말이다.

천문학자 할로 섀플리Harlow Shapley는 이런 발견을 적은 허블의 편지를 받고는 "이 편지는 나의 우주를 파괴해버렸다."라고 말했다. 20세기 초, 사람들은 아직 우리의 우주가 어떻게 생겼는지 알지 못했다. 크다는 것과 태양 외에 먼 거리에 있는 별들이 많다는 정도는 알고 있었다. 하지만 하늘에 보이는 기이한 '안개'는 수수께끼로 남아 있었다. 구름처럼 보이는데 절대로 별인 것 같지는 않았고, 학문적으로 도무지 설명이 되지 않았다.

섀플리와 그의 제자들은 이런 안개는 눈에 보이는 별들보다 더 멀리 있지 않으며, 별들 사이에 있는 가스들이 안개처럼 모여 있는 것이라고 생각했다. 그리고 하늘에 보이는 별이 전부이고, 그 외에는 별이 없다고 생각했다. 반면 그의 동료 헤버 커티스Heber Doust Curtis 는 우주는 '은하들'로 가득 차 있다는 의견을 피력했다. 별들은 커다 란 모임, 즉 은하를 이루고 있으며, 우리의 태양은 우리 눈에 보이는 모든 별과 같이 많은 은하 중 하나의 은하에 속해 있을 뿐이라고 했 다. 안개처럼 보이는 것은 사실은 안개가 아니고, 멀리 떨어져 있는 은하라고 주장했다. 다만 우리은하가 그 은하로부터 어마어마한 공 간을 두고 분리되어 있을 뿐이라고 하였다. 20세기 초 천문학자들은 이런 '위대한 논쟁'에 열을 올렸다. 그리고 그 논쟁을 끝낸 것이 바로 허블이었다.

안드로메다 은하의 세페이드 변광성

허블은 캘리포니아의 마운트 윌슨 천문대의 커다란 후커Hooker 망원 경을 사용해서 안드로메다 성운이 무수한 별로 이루어져 있음을 알 아냈다. 그러나 안드로메다 성운까지의 거리는 아직 묘연했다. 당시 의 기술로는 비교적 가까운 별들만 정확한 거리를 측정할 수 있었다.

허블은 신성Nova, 즉 생애의 마지막에 폭발하는 별들을 물색했다. 이들은 늘 같은 방식으로 폭발하며, 역시 같은 방식으로 밝기의 변화 를 보일 것이었다. 그리하여 관찰되는 밝기를 이론적으로 예측되는 신성의 밝기와 비교하면, 안드로메다 성운까지의 거리를 어느 정도 가늠할 수 있을 것이었다. 신성이 빛을 약하게 발할수록 성운은 더 멀리 있을 것이 틀림없었다.

1923년 10월 5일의 관측에서 허블은 신성일지도 모르는 세 별을 발견하고 그것을 'N'이라고 표시를 해놓았다. 그런데 이를 예전 관측 사진과 비교하던 허블은 그중 하나가 이상한 행동을 보인다는 것을 발견했다. 그 별은 약하게 빛나다 다시 밝게 빛났다. 이것은 신성이 아니라 변광성 특유의 행동이었다. 그리하여 허블은 위에서 말했듯이 'N'자를 지우고 'VAR'이라고 써넣고는 그 별을 집중적으로 살펴보았다. 허블은 그 별이 특별한 종류의 변광성, 즉 '세페이드 변광성'이라는 걸 알아냈다. 이런 별들은 주기적으로 밝기가 변화하는데, 그 주기는 광도에 따라 달라진다. 허블은 이 주기를 쉽게 측정할 수 있었고, 주기로부터 광도를 계산하여 그 별이 원래 얼마나 밝은 별인지 알 수 있었다. 그러고는 관측되는 광도와 계산해낸 광도를 비교하여, 그 별이 지구에서 얼마나 먼 거리에 있는지를 유추해냈다.

이듬해에 허블은 안드로메다 성운에 있는 세페이드 변광성을 몇 개 더 찾아냈고 이들 모두 같은 결과를 보여주었다. 그 성운은 우리 은하 밖 멀리에 존재하고 있었다!

따라서 안드로메다 성운은 '안개'가 아니고, 수십억 개의 별로 이루어진 거대한 별들의 모임이며, 다만 너무나 멀리 있기에 구름처럼 보이는 것으로 드러난 것이다. 오늘날 우리는 안드로메다 성운이 사실은 안드로메다 '은하'라는 것을 알고 있다. 대부분의 성운이 다 그런 은하다. 허블의 발견으로 우리은하는 단번에 우주에 있는 수많은 은하 중 하나일 뿐이며, 우주는 정말로 상상을 초월하는 규모를 가지고 있음이 드러났다.

허블의 변광성 V1은 우주가 얼마나 광대한지를 처음으로 가늠케

해주었다. 그리고 우리는 오늘날까지 이런 어마어마한 우주의 경계를 이해하고 탐구하고 있다.

64

케플러 1
밝은 태양, 어두운 우주

케플러의 첫 번째 별

우주 망원경 '케플러'가 별 TrES-2를 공전하는 행성을 하나 관측했을 때 기쁨은 컸다. 물론 이 천체를 관측한 게 그때가 처음은 아니었다. TrES-2가 행성을 하나 거느리고 있다는 건, 2006년 Trans-Atlantic Exoplanet Survey(TrES)의 차원에서 이 별을 발견했을 때 이미 파악한 상황이었다. 그래서 낯선 별의 행성을 탐사하기 위해 우주로 발사된 케플러 망원경의 첫 관측 대상으로 TrES-2의 행성이 지정된 것이다. 케플러가 우주의 눈으로서 잘 작동할지 점검하기 위해서 말이다.

케플러는 자신의 몫을 잘 해냈다. 2018년 11월 은퇴하기 전까지 이 혁명적인 망원경은 2662개의 외계 행성을 찾아냈는데, 대다수가 전혀 알려지지 않은 것들이었다. 또한 TrES-2를 시작으로 당시 알려져 있던 외계 행성의 반 이상을 찾아내기도 했다.

TrES-2는 케플러 미션에서 'KOI-1'이라는 명칭을 부여받았다. 이것은 'Kepler Object of Interest'의 약자로 행성을 거느리고 있을 것으로 추정되는 별들을 일컫는 말이다. 그런데 TrES-2가 행성을 거느리고 있다는 건 이미 알려져 있었기에, 이 별은 곧장 행성을 가진 별에 붙여주는 체계적인 명칭을 부여받을 수 있었다. 바로 망원경의 이름 'Kepler'를 따서, 그 뒤에 번호를 붙여나가는 명칭 말이다. TrES-2는 케플러가 관측한 첫 별이었으므로, 'Kepler-1'이 되었다.

통과 관측법을 이용한 행성 탐사

미지의 행성들을 찾아 나서는 미션에서 케플러는 '통과 관측법transit methode'이라는 것을 활용했다. 이것은 별빛을 관측하고 그 밝기를 측정하는 방법이다. 그런데 별을 공전하는 행성이 있으면 이 행성이 지구에서 볼 때 정확히 그 별 앞으로 지나가는 일이 발생하지 않겠는가. 그러면 행성은 조금이라도 별빛을 차단하게 되므로, 행성이 별을 한 바퀴 공전할 때마다 별빛이 약간 어두워지는 일이 일어나게 될 것이다. 이렇듯 별빛의 밝기가 주기적으로 변화하는 정도는 크지 않지만 측정이 가능하다. 그리고 이로써 행성이 있는지, 그 행성이 어떤 특성을 지니고 있는지를 유추할 수 있다.

그런데 모든 행성이 통과 관측법으로 관측할 수 있을 만큼 적절한 공전궤도로 공전하지 않으므로, 많은 행성을 발견하려면 가능하면 많은 별을 한꺼번에 관찰해야 한다. 케플러 망원경을 우주로 쏘아올린 것은 바로 그 때문이었다. 방해하는 대기가 없는 우주 공간에서 케플러는 약 15만 개의 별들을 끊임없이 주시했고, 수년간 이들의 밝기를 측정했다.

그리하여 케플러는 새로운 행성들을 많이 발견했고, 2011년에는 이미 알려져 있던 TrES-2의 행성을 처음으로 관측한 것이 보람이 있었음이 드러났다. 이 별은 태양과 꽤 비슷하다. 크기, 질량, 온도, 나이가 우리 태양과 거의 일치한다. 그러나 그의 행성은 굉장히 특별하다. 크기는 우리 태양계에서 가장 큰 행성인 목성보다 조금 큰데, 자신의 별에 매우 가까운 거리에 있었다. 태양과 수성의 거리보다도 더 가까운 거리에서 TrES-2를 공전하는 것이었다.

케플러의 데이터를 통해 비로소 확인된 바에 따르면, 이 행성은 관측한 행성 중 가장 어두운 행성이었다. 숯 조각보다 더 적은 빛을 반사한다. 이 사실은 행성 위상 분석을 통해 알려졌다. 우리의 시점을 기준으로 행성이 별의 바로 앞이나 뒤가 아닌, 약간 옆쪽에 위치하면 위치에 따라 행성이 어느 정도 빛을 비춘다. 그렇게 되면 지구에서 보름달과 반달을 볼 수 있듯이, 이 행성을 '둥근 행성'과 '반쪽 행성'으로 관측할 수 있는 것이다. 그리하여 별빛에 더하여 행성이 이제 얼마나 많은 빛을 우리 쪽으로 반사하느냐에 따라, 우리가 측정할 수 있는 별 전체의 밝기가 변한다.

빛의 양과 밝기 변화는 미미하지만 케플러와 같은 우주 망원경은 측정이 가능하다. TrES-2의 행성은 크기에 비해 정말 적은 양의 빛만 반사하는 것으로 나타났다. 이 행성이 왜 그리 빛을 적게 반사하는지는 아직 알려지지 않았다. 이를 알려면 다른 망원경들이 자신들의 눈을 이 천체에 조준해야 할 것이다.

HD 209458
별과 기화하는 행성

공전주기가 3.5일인 행성

HD 209458이라는 이름을 단 별은 페가수스자리에 있는데, 겉보기 밝기가 아주 약해서 육안으로는 전혀 보이지 않는다. 하지만 망원경을 그 별에 조준하면, 그의 밝기가 3일 반을 주기로 약간씩 약해지는 것을 볼 수 있다. 이러한 현상이 나타나는 것은 지구에서 볼 때 정확히 이 별 앞을 지나가며 공전하는 행성 때문이다. 비공식적으로 고대 이집트의 죽음의 신 이름을 따서 '오시리스'라 불리는 이 천체는 천문학자들의 골머리를 앓게 하는 특별한 행성이다.

행성 오시리스는 천문학 용어인 '뜨거운 목성'으로도 불린다. '뜨거운 목성'이란 크기와 구성이 우리 태양계의 커다란 가스 행성인 목성과 비슷하지만, 목성과는 달리 자신이 공전하는 항성과 아주 가까이 붙어 있는 행성을 말한다.

목성이 우리의 태양을 공전하는 데는 12년이 걸린다. 목성은 태양으로부터 평균 7억 8000만 킬로미터 떨어져 있다. 이것은 지구와 태양의 거리의 다섯 배에 달한다. 행성이 별에서 멀수록 공전주기는 더 길어진다는 것이 중력 법칙이 이야기하는 바다. 그러나 HD 209458의 행성은 자신의 항성을 한 바퀴 공전하는 데 단 3.5일밖에 걸리지 않는다. 그 이야기는 둘 사이의 거리가 아주 가깝다는 뜻이다. 이 별과 행성은 서로 700만 킬로미터밖에 떨어져 있지 않다. 천문학적으로 보면 매우 가까운 거리다. 항성 지름의 네 배 남짓밖에 되지 않는다. 비교하자면, 우리의 태양계에서 가장 안쪽에 있는 행성인 수성은 태양과 약 5800만 킬로미터 거리에 있다.

뜨거운 목성의 비밀

1990년대 말 이런 천체들이 처음으로 관측되었을 때, 별에 그렇게 바짝 붙어 있는 외계 행성들이 있다는 사실 자체가 우선 굉장히 놀라움을 자아냈는데, 더 놀라운 것은 이들이 엄청 크고, 목성과 비슷한 가스 행성이라는 사실이었다. 그때까지 커다란 가스 행성은 별에서 아주 멀리 떨어져서만 존재할 수 있다고 여겨졌다. 행성이 탄생하는 시기에는 별에서 멀리 떨어진 곳이라야 비로소 그런 커다란 천체를 이루기에 충분한 물질들이 있기 때문이다. 별에서 아주 가까운 곳에는 그런 물질들이 없었다. 별의 강한 복사선이 가스와 먼지를 빠르게 우주로 날려 보내기 때문이다.

그렇다면 오시리스 같은 행성은 어떻게 지금의 자리에 있게 되었을까? 그것은 행성이 '이주'했기 때문이다. 학자들은 다른 별의 '뜨거운 목성'들을 연구하면서 비로소 이런 현상이 왜 일어나는지 파악하기 시작했다. 행성계가 탄생한 초기에는 젊은 천체들 사이에 많은 가스와 먼지들이 존재한다. 건축 자재들이 행성의 건축 현장 곳곳에 놓여 있는 것이다. 그리고 막 생성 중인 행성들과 이런 물질 간의 상호

작용(중력)으로 말미암아 그들의 공전궤도가 확장되거나 반대로 줄어드는 일이 일어날 수 있다. 따라서 오시리스는 별에서 멀리 떨어진 곳에서 생겨난 다음 점점 별 근처로 이주한 것이다.

하지만 항성과 너무 가까이에 있는 것은 오시리스에게 과히 좋지 않다. 굉장히 뜨거워져서 증발 현상이 나타나기 때문이다. 오시리스는 초당 약 50만 톤의 가스를 우주로 날려 보낸다. 그리하여 관측 영상을 보면, 혜성처럼 가스로 이루어진 꼬리를 가진 모습이다.

오시리스 같은 뜨거운 목성은, 멀리 떨어진 곳에서는 우리의 고향인 태양계와는 사뭇 다른 풍경이 펼쳐질 수도 있음을 인상적으로 보여주었다. 다른 항성이 거느린 행성들은 우리 태양계에서 볼 수 있는 행성들보다 더 다양하다. 우주를 더 잘 알아가려면 우리 태양계를 모든 것의 기준으로 보아서는 안 될 것이다.

프록시마 켄타우리
나란한 별

가장 가까이에 있는 별

지구에서 가장 가까운 별은 물론 태양이다. 그렇다. 태양이 진짜 별인데, 우리 삶에 직접적으로 영향을 미치는 가장 특별한 존재이다 보니 태양이 별이라는 생각을 하지 못할 때가 많다. 별이라고 하면, 우리는 보통 해가 진 다음에 컴컴해져서야 보이기 시작하는 밤하늘의 빛의 점들을 떠올린다. 그리고 프록시마 켄타우리는 '그러한' 모든 별 중 우리에게 가장 가까운 별이다.

이 사실을 알게 된 건 그리 오래전 일이 아니다. 그도 그럴 것이 프록시마 켄타우리는 그 어떤 별보다 우리와 가깝지만, 육안으로는 보이지 않기 때문이다. 프록시마 켄타우리는 적색왜성으로 질량이 우리 태양의 10분의 1밖에 되지 않는다. 태양은 프록시마 켄타우리보다 일곱 배 더 크고, 10만 배나 더 밝게 빛난다. 프록시마 켄타우리는 광학기기 없이는 볼 수가 없기에 1915년에야 처음으로 스코틀랜드의 천문학자 로버트 이네스Robert T. A. Innes에 의해 발견되었다. 그 계기는 바로 프록시마 켄타우리의 운동 때문이었다. 이네스는 자신의 관측 사진을 이전의 사진들과 비교해보며 프록시마 켄타우리의 위치가 바뀌었음을 발견했다. 알파 켄타우리와 비슷하게 운동하고 있다는 점이 눈에 띈 것이다.

알파 켄타우리는 모두가 알고 있는 별이었다. 밤하늘에서 네 번째로 밝은 별로서 켄타우루스자리에서 단연 눈에 띄는 별이기 때문이다. 19세기에 이미 알파 켄타우리가 두 개의 별로 이루어진 쌍성일 뿐 아니라, 우리와의 거리가 4.3광년밖에 안 되는, 당시 우리가 알고 있던 별 중 가장 가까이에 있는 별이라는 사실이 잘 알려져 있었다.

그런데 이제 바로 그 근처에서 알파 켄타우리와 함께 같은 운동을 하는 것처럼 보이는 또 하나의 별이 발견된 것이다. 이 발견은 연구로 이어졌고, 이 새로 발견된 별과 지구 사이의 거리도 산출됐다.

결과는 놀라웠다. 이 작은 별과 지구 사이의 거리는 4.2광년으로 알파 켄타우리보다 더 가까운 것으로 드러난 것이다. 그리하여 로버트 이네스는 이 별을 '프록시마Proxima'라 부르자고 제안했다. 프록시마는 라틴어로 '가장 가깝다'는 뜻이다.

인터스텔라 미션의 1차 목적지

이 가장 가까운 별은 그 후로도 우리를 여러 번 놀라게 했다. 2016년에는 이 작은 적색왜성을 공전하는 행성이 있음이 밝혀졌는데, 여느 행성과 달리 지구와 비슷한 특성을 가지고 있었다. 이 행성은 지구 질량의 1.5배에서 세 배 정도 되는 암석 행성으로, 프록시마 켄타우리에 상당히 바짝 붙어 있다. 프록시마 켄타우리는 온도가 낮은 별이므로, 가까이 있어야 생명이 번성할 수 있는 온도가 되기 때문에 나쁜 조건은 아니었다. 그러나 한편으론 그다지 좋지 않은 환경일 수도 있는데, 프록시마가 다른 많은 적색왜성처럼 '플레어별(flare star, 섬광성)'이기 때문이다. 플레어별은 때때로 갑자기 폭발적으로 밝기가 증가하는데, 이때 엄청난 양의 X선이 방출된다. 그러면 가까이에 있는 행성은 이런 센 방사선에 피폭되어 생명체가 발달하기 힘든 환경일 것이다.

　태양과 가장 가깝다는 점, 최소한 한 개의 행성을 가지고 있다는 점으로 인해 프록시마 켄타우리는 '인터스텔라 미션Interstellar Mission'의 매력적인 목적지가 아닐 수 없다. 지금까지 우리의 우주 탐사선은 태양계를 벗어나지 못했다. 가까운 프록시마까지 가는 것만 해도 인간의 시각에서 보면 너무나 어마어마한 거리라 도저히 불가능해 보인다. 현재의 기술력으로는 거기까지 가는 데 수만 년은 걸릴 것이다. 그러나 아주 작은 미니어처 우주 탐사선을 레이저로 강하게 가속화하면 프록시마까지 몇십 년이면 갈 수 있다는 의견들이 있다. 일단 탐사선이 그곳에 도착한다 해도, 정지하거나 착륙할 수는 없을 것이다. 하지만 최소한 프록시마 켄타우리와 그 행성의 사진을 찍을 수는 있을 것이다. 외부 행성계를 최초로 가까이에서 직접 관찰하는 것은 정말로 노력할 만한 가치가 있는 일이다.

　프록시마 켄타우리를 둘러싼 수수께끼 중 최소한 하나는 이미 해결되었다. 이 별이 지나가다 우연히 알파 켄타우리 근처에 있게 된 것인지, 아니면 처음부터 다중성에 속한 것인지 오랫동안 의견이 갈렸는데, 2016년 드디어 프록시마 켄타우리가 알파 켄타우리를 60만 년에 한 바퀴씩 돌고 있다는 사실이 밝혀졌다.

NGS
한물간 별이 되다

천문학 연구를 방해하는 지구의 대기

'NGS'는 특정 별 이름이 아니라 'Natural Guide Star'의 약자다. 원칙적으로 밝은 별이라면 모두가 이런 타이틀을 달 수 있는데, 이들은 천문학 연구를 힘들게 하는 지구 대기의 영향을 상쇄시켜 천문학연구에 도움을 주는 별이다.

물론 천문학자들도 다른 사람들과 마찬가지로 우리 지구에 생명체가 살아가는 데 대기가 얼마나 중요한지를 알고 있으며 대기의 존재에 대해 감사하고 있다. 그럼에도 대기가 그들의 연구를 힘들게 하는 것은 사실이다. 수천, 수만 년 혹은 수십억 년을 줄기차게 방해받지 않고 우주를 달려온 별빛은 망원경 렌즈에 이르기 전 마지막 구간에서 달갑지 않은 지구 대기를 가로질러야 한다. 진공인 우주 공간에서 지구의 대기로 진입하면 별빛의 속도는 감소한다. 대기 중에서 얼마나 빠르게 전진할 수 있는지는 대기의 밀도에 따라 달라지는데, 대기의 밀도는 다시금 온도의 영향을 받는다. 그런데 유감스럽게도 우리의 대기는 계속해서 움직인다. 서로 다른 온도와 밀도를 가진 공기층들이 계속해서 서로 맞물리고 뒤섞인다. 그리고 이런 환류로 말미암아 별빛이 길을 이탈해서 산란한다.

이것이 바로 하늘의 별들이 '깜박'거리는 이유다. 불안정한 대기가 별빛을 이런 방향, 저런 방향으로 굴절시킴으로써, 하늘의 별이 이리 저리 뜀뛰기를 하는 것처럼 보인다. 이렇듯 빛이 깜박이면 천체 망원 경으로 찍은 관측 사진의 해상도가 떨어진다.

인류가 직접 만든 가이드 별

학자들은 이런 문제를 해결하고자 '적응 광학계'를 개발했다. 이것 은 이런 식으로 이루어진다. 망원경이 가이드 별Guide Star의 빛을 관 측하면 빛이 센서로 모이는데, 이 센서는 원래의 광파가 어느 정도로 왜곡되어 들어오는지를 측정할 수 있게 되어 있다. 그런 다음 센서가 이런 정보를 망원경의 거울로 전달하는데, 이 거울 역시 변형 가능한 거울이다. 그리하여 이런 조절 체계가 거울 표면의 적절한 부분에서 순간순간 거울의 곡률을 변화시켜 별빛의 일그러짐을 상쇄한다. 흔 들리는 별의 상을 보정하여, 말끔한 상을 만들어내는 것이다.

이런 적응 광학 기술이 효과적으로 기능하려면 망원경 거울이 1 초에도 수차례 전자동으로 변형되어야 한다. 따라서 센서는 별빛의 왜곡을 빠르게 측정하고 평가해서 전달해야 한다. 이것은 가이드 별 이 충분히 밝아야 가능하다. 그래야 충분한 빛이 센서로 들어갈 수 있기 때문이다. 관측하고자 하는 영역에 충분히 밝은 별이 있으면 그 별을 자연 가이드 별Natural Guide Star로 활용할 수 있다. 하지만 그런 밝은 별이 없을 때가 많은데, 그런 경우에도 적응 광학계가 기능할 수 있도록 얼마 전부터는 자연적인 가이드 별을 포기하고 대신에 레이저 별Laser Guide Star 을 활용하기 시작했다.

강한 레이저 광선을 쏘아 올려 필요한 영역에 밝은 인공 별을 만들어, 적응 광학계를 사용하는 것이다. 레이저 별은 이미 1980년대부터 사용되어왔다. 하지만 처음에는 미 정부의 군사 프로젝트 차원에서만 활용되었다. 1990년대 들어오면서부터 비로소 이 기술은 더 이상 군사 기밀에 속하지 않게 되었고, 이제 천문학에서 지구 대기권 밖으로 나가지 않은 상태에서도 우주를 더 예리한 시선으로 볼 수 있도록 도움을 주고 있다.

한 줄기 빛이 되다

M87*

보이지 않는 것을 볼 수 있게

거대한 블랙홀의 그림자

2019년 4월 10일 천문학계는 M87 은하에 하나의 '별'을 추가했다. 그러나 추가된 것은 천체가 아니고, 그냥 '별표'였다. 이날 M87*이라 는 이름으로 최초 공개된 영상은 바로 블랙홀 영상이었다.

정의에 따르면 사실 블랙홀은 볼 수 없는 천체다. 블랙홀 주변은 중력이 너무나 세서 공간을 엄청나게 굽히기에 그 어떤 것도, 빛마저 도 그곳을 빠져나올 수 없다. 그래서 블랙홀은 더 이상 검을 수 없을 정도로 검은 존재인 것이다.

하지만 그것은 주변에는 해당되지 않는 이야기다. 블랙홀로 물질 이 사라질 때 그냥 아무 표시도 없이 그렇게 되지는 않는다. 우선 엄 청난 인력으로 말미암아 물질에 어마어마한 가속이 붙고 블랙홀 주 변을 마구 돈다. 그러면 가스와 먼지로 된 원반이 생겨나고, 물질이 극도로 뜨거워져 빛을 내기 시작한다. 그리고 전파를 방출한다. 1932 년에 이미 우리은하 중심에서 이런 전파를 관측할 수 있었다.

1974년 영국의 천문학자 로버트 브라운Robert Hanbury Brown은 우리 은하 중심에 있는 이런 전파원에 '궁수자리 A*'이라는 이름을 붙였 다. 궁수자리라는 이름은 당연히 우리은하 가운데에 자리한 궁수자리라는 별자리에서 유래했고, A라는 철자는 그곳에서 발견한 최초의 전파원임을 상징하며, '*'은 원자의 특정 상태를 칭하는 물리학 전문 용로부터 유래했다. 에너지를 충분히 얻은 원자는 복사선을 방출할 수 있는데, 로버트 브라운은 이런 일이 우리은하 중심에서도 대량으로 일어날 거라고 생각했다.

오늘날 우리는 궁수자리 A*이 질량이 태양의 400만 배가 넘는 초대질량 블랙홀Supermassive black hole이라는 걸 알고 있다. 이 블랙홀 주변에서는 다량의 전파가 우주로 방출된다. 다른 은하의 중심에서도 이와 비슷한 것을 발견할 수 있다. 그중 하나가 우리에게서 5400만 광년 떨어진 거대 은하 M87이다. 2017년 4월, 이벤트 호라이즌 망원경EHT은 이 거대 은하의 중심을 조준했다. 이벤트 호라이즌 망원경은 블랙홀 주변을 관측하기 위해 서로 다른 지역에 위치한 전파망원경을 하나로 묶어 가상의 망원경으로 통합한 것인데, 각각의 망원경이 서로 다른 위치에서 M87을 관측하고 그 데이터를 합친다면 은하의 중심을 자세히 볼 수 있을 터였다.

그리하여 수개월 컴퓨터 분석을 거쳐 M87 중심에서 발원하는 라디오파를 시각적으로 구성한 이미지가 탄생했다. 그 영상에서는 강한 '전파'로 만들어진 밝은 고리를 볼 수 있다. 밝은 고리가 어두운 영역을 둘러싼 형상이다. 밝게 빛나는 원반이 둘린 초대질량 블랙홀의 '그림자'를 본 것이다. 블랙홀을 이론적으로 묘사하거나 그것이 주변에 미치는 영향을 간접적으로 관측한 것에서 나아가, 직접 관측한 것은 처음이었다. 빛도 빠져나오지 못하는 검은 영역을 최초로 시각적으로 보게 된 것이다.

빛으로 장식된 어두운 근원

이런 영상과 함께 천문학은 새로운 국면을 맞이했다. 보이지 않는 것
을 보이게 만드는 데 다시 한번 성공한 것이다. 지금까지 인공적 모
사나 컴퓨터 시뮬레이션으로만 보던 것을 이제 직접 관측하여 연구
할 수 있게 되었다. 이 이미지들을 분석하면 드디어 이런 극단적으로
압축된 천체가 어떻게 생겨나는지를 알 수 있을 것이다. M87의 중
심에 있는 블랙홀 M87*의 질량은 태양의 약 65억 배에 이른다. 생애
를 마칠 때 이 정도의 어마어마한 블랙홀로 수축할 수 있는 별은 없
다. 따라서 이런 수준의 블랙홀은 많은 작은 블랙홀들이 합쳐져 탄생
하거나, 우리가 지금까지 아직 알지 못하는 완전히 다른 메커니즘으
로 탄생하는 것으로 보인다.

나아가 블랙홀을 직접 관측하면 물리학의 토대를 확장할 수 있을
것이다. 우리는 이미 오래전부터 기존의 이론으로는 블랙홀을 완벽
하게 설명할 길이 없음을 알고 있다. 상대성이론뿐 아니라 양자역학
도 이런 극단적인 현상 앞에서 한계에 부딪힌다. 우리는 이제 두 이
론을 연결해야 한다. 그리고 지금까지 확보한 관측 데이터들이 그 새
로운 이론의 모습과 그 이론으로 무엇을 할 수 있는지를 알려줄 것
이다.

M87의 중심에 있는 초대질량 블랙홀은 궁수자리 A*과 비슷하게
'M87*'이라는 이름을 얻었다. 그러나 이런 천문학적 혁명의 중심에

있는 천체를 단순한 숫자와 철자만으로 표시하는 것은 뭔가 아쉽다. 그리하여 최초로 관측에 성공한 이 블랙홀은 '포베히Powehi'라는 비공식적 이름을 부여받았다. 이것은 하와이 신화에 나오는 말로 '(빛으로) 장식된, 무한한 창조의 어두운 근원embellished dark source of unending creation'이라는 뜻이다. 블랙홀은 창조와 별 관련이 없을지도 모른다. 그러나 그것은 어쨌든 새로운 혁명적 지식의 '어두운 근원'임에는 틀림없다.

KIC 11145123
우주에서 가장 동그란 별

학문 간 결합, 성진학

KIC 11145123은 지구로부터 4000광년 떨어져 있는 파란 거성의 이름이다. 지름이 약 150만 킬로미터로 우리 태양의 두 배가 넘으며, 지금까지 관측한 별 중 가장 동그란 모양이다.

물론 모든 별은 뜨거운 가스로 이루어진 크고 둥근 모양의 천체다. 그러나 별이 자전축을 중심으로 자전을 하므로, 원심력이 생겨나서 약간 납작한 모양이 된다. 그리하여 태양의 중심에서 적도까지의 거리는 중심에서 극까지의 거리보다 약 10킬로미터가 더 길다. 큰 차이는 아니다. 그러나 KIC 11145123의 경우는 훨씬 더 둥근 모양이다. 이 별은 태양의 두 배에 이르는 큰 별인데도 그 차이가 3킬로미터밖에 나지 않는다.

이 사실은 두 가지 궁금증을 자아낸다. 첫째, 왜 그럴까? 둘째, 대체 그런 것을 어떻게 측정할 수 있을까? 대답은 이러하다. 첫째, 이유는 잘 모른다. 둘째, '성진학asteroseismology'을 활용해 측정할 수 있다. 성진학은 상당히 놀라운 학문이다. 그것은 우리에게 아주 멀리 떨어져 있는 별의 내부를 엿볼 수 있게 해준다. 이런 연구는 지구상에서의 지진 연구와 비슷하게 이루어진다. 지구의 지각 운동으로 땅을 진동할 때 지진파가 발생하는데, 이는 지구를 통과하며 다양한 층에서 굴절되고 반사된다. 땅속 암석이나 금속의 밀도에 따라 지진파는 빠르게 확산되기도 하고, 느리게 확산되기도 한다.

그런 파동을 분석함으로써 오늘날 우리는 우리 지구의 내부 구조에 대해 꽤 정확히 알게 되었다. 그러나 별은 고체가 아니며, 아주 멀리 있다. 그래서 별 표면에 측정 도구를 설치할 수도 없다. 그저 멀리서 관측하면서, 변화된 조건에 맞추어 연구할 수밖에 없다.

천문학자들은 가스 형태의 별은 가만히 있지 않고 늘 진동한다는 사실을 활용해 연구를 한다. 별 내부에서 만들어지는 에너지가 별을 데우고, 가스 질량을 이리저리 흘려보낸다. 그 과정에서 파동(밀도파)이 생겨나 진행되고, 별 표면에서 반사되어 도로 내부로 들어온다. 그리하여 별 전체가 종을 울렸을 때처럼 진동한다.

물론 그것을 직접 관측하지는 못한다. 그러나 진동은 별의 형태에 직접적인 영향을 주고 광도도 약간 변화시킨다. 따라서 별의 광도 변화를 충분히 오랜 시간을 두고 정확히 관찰하면, 그로부터 별이 어떤 방식으로 진동하는지 계산할 수 있다. 그리고 이를 통해 별 내부 물질의 밀도와 온도, 크기 같은 특성들도 유추할 수 있다. 커다란 종이 작은 종과 다르게 진동하고 울리는 것처럼, 별들도 크기에 따라 다르게 진동하는 모습을 보인다.

그 별이 비정상적으로 둥근 이유

어떤 진동 양식은 적도에서 더 강하고, 어떤 양식은 극 부근에서 더 강하다. 그 강도를 비교하면 별의 지름과 납작한 정도를 아주 정확히 파악할 수 있다. 그 성공 사례가 바로 2016년 KIC 11145123 관측이다. 우주 망원경 케플러가 이 별의 밝기 변동을 4년 이상 관찰하며 충분한 데이터를 모아준 덕분에, 우리는 이 별이 다른 어떤 별보다도 더 둥글다는 것을 알게 되었다. 하지만 그 이유는 아직 밝혀지지 않았다.

물론 느린 자전 속도의 영향을 받았을 것으로 유추할 수는 있다. 이 별의 자전 속도는 태양보다 세 배 느리다. 자신의 축을 중심으로 한 바퀴 자전하는 데 약 100일이 걸린다. 하지만 자전 속도가 이 정도인 것을 감안하여도 지금 관측되는 것보다는 더 납작한 모양이 되어야 하는데, 그렇지 않은 것은 여전히 의문으로 남는다. 그리하여 학자들은 자기장의 특성과 관련이 있지 않을까 점치고 있는 상황이다. 별의 가스는 전하를 띠므로, 별의 모양은 자전뿐 아니라 자기장의 강도에도 영향을 받는다. 또한 자기장 안에서 전하를 띤 물질이 운동하는 방식에도 영향을 받는다. 이 모든 것이 별의 진동에 영향을 미치는 것이다.

성진학이 아니라면 우리는 별 내부의 이런 과정을 도무지 연구할 수 없었을 것이다. 이것은 서로 다른 학문이 서로를 보완하고 영감을 줄 수 있음을 보여주는 훌륭한 예다.

샛별
빛을 가져오는 자

별이라 불리는 행성

'샛별', '새벽별' 또는 '저녁별'이라 불리기도 하는 이 천체는 사실 '별'이 아니다. 샛별은 해뜨기 직전 내지 해가 진 직후, 육안으로 볼 수 있는 아주 밝은 천체로, 바로 금성을 가리키는 말이다.

금성은 지구의 공전궤도 안쪽에서 태양을 공전한다. 그래서 지구에서 볼 때 금성은 태양에서 그리 많이 멀어질 수 없다. 단지 지구를 기준으로 금성과 태양 간 각도가 최대 47도까지 벌어질 수 있을 따름이다. 저녁에 태양이 지평선에서 사라지면, 금성도 그 뒤를 따라 사라진다. 그리고 새벽에 금성이 보이면, 곧이어 환한 아침 햇살이 대지를 비춘다. 금성을 볼 수 있는 시간에 금성을 간과하기란 쉽지 않다. 두툼한 구름층이 금성을 계속 두르고 있다 하여도, 구름층에 도달하는 햇빛의 4분의 3이 반사되므로 금성은 어두운 하늘에서 밝게 빛난다.

금성보다 더 밝은 빛을 발하는 건 태양과 달뿐이다. 그렇다 보니 '샛별'은 해와 달과 함께 종교적·신화적 의미를 부여받았다. 고대 그리스에서 금성은 '에오스포로스Eosphorus' 또는 '포스포로스Phosphorus'라고 불렸는데, 바로 '새벽을 가져오는 자', '빛을 가져오는 자'라는 뜻이다. 에오스포로스는 새벽의 여신 에오스와 황혼의 신 아스트라이오스의 아들이다. 신에 대적하는 타락한 천사를 칭하는 '루시퍼'라는 이름은 라틴어로 '빛을 가져오는 자'라는 뜻으로, 로마 신화에 뿌리를 두고 있는 것으로 보인다. 루시퍼와 새벽빛의 연관성은 심지어 《성경》에도 언급되어 있다. "웬일이냐, 너 아침의 아들, 새벽별아, 네가 하늘에서 떨어졌구나(《이사야》 14장 12절)." 한편 기독교에서는 예수를 '새벽별'로 묘사하기도 한다.

이런 글들이 기록될 당시 '새벽별'이 금성이라는 건 이미 알려져 있었다. 고대 그리스의 수학자인 사모스섬의 피타고라스는 최초로 샛별과 저녁별이 같은 천체라는 사실을 인식했다.

새벽별 반년, 저녁별 반년

금성이 새벽하늘에 보일지, 초저녁 하늘에 보일지는 금성이 공전궤도에서 현재 어떤 위치를 지나는지에 따라 달라진다. 태양의 서쪽에 위치하는 경우 금성은 태양보다 먼저 뜬다. 그리하여 약 반년 동안 '새벽별'로 관측된다. 그런 다음 지구에서 볼 때 금성이 태양에 아주 가까워지면, 금성은 우리의 시야에서 사라져버린다. 그렇게 3개월 동안 태양 뒤쪽에 위치하다 태양의 동쪽에서 다시 등장하면, 이번에는 '저녁별'이 되어 약 반년 동안 저녁 하늘에서 보인다. 그런 다음 우리가 보기에 태양 앞으로 오면 다시금 보이지 않게 된다. 이런 변화가 약 19개월 주기로 반복된다.

요즘 사람들은 아침이나 저녁에 하늘에서 금성을 봐도, 더 이상 신화적인 의미 같은 건 부여하지 않는다. 하지만 그럼에도 금성은 종종 착각을 일으킨다. 그래서 금성이 사라졌다가 새벽이나 저녁 하늘에 다시 보일 때면, 천문대로 흥분한 목소리의 전화가 걸려온다고 한다. 아무래도 UFO를 본 것 같다면서 말이다.

71

OGLE-2003-BLG-235/MOA-2003-BLG-53

우주의 천연 렌즈

별을 렌즈로 활용하다

OGLE-2003-BLG-235/MOA-2003-BLG-53. 무슨 별의 명칭이 이렇게 길고 복잡하냐는 생각이 드는가? 이는 궁수자리의 아주 희미하게 빛나는 별을 이르는 말인데, 천문학이 좀 심하긴 했다. 하지만 이렇게 복잡한 명칭을 부여할 수밖에 없었던 사정이 있긴 하다. 그 사정은 이 별 주위를 도는 행성과 관련이 있다.

2003년 7월에 발견된 이 행성은 완전히 새로운 방법으로 찾아낸 최초의 행성이다. 천문학에서는 보통 렌즈나 거울이 달린 망원경을 활용해 별빛을 모은다. 그러나 이 별의 경우, 거의 2만 광년 떨어진 별을 천체 관측 렌즈로 활용했다.

이 새로운 방법에 이르는 길은 길고 험했다. 아인슈타인은 거의 100년 전에 일반상대성이론을 발표했다. 이론에 따르면 질량이 큰 천체는 공간을 굽게 한다. 모든 천체가 운동할 때 이렇게 굽은 공간을 따라가고, 우리가 그것을 중력으로 지각한다는 것이다. 그리고 천체뿐 아니라 빛도 중력의 영향을 받는다. 질량이 큰 천체 근처를 지나가는 빛은 구부러진 공간으로 말미암아 휘어진다. 이것은 1919년 개기일식 당시 별들의 위치를 측정함으로써 증명되었고, 이로써 천문학은 새로운 관측 방법을 갖게 되었다.

망원경의 렌즈와 거울은 광선을 특정 방향으로 굴절시킨다. 그러나 또한 공간의 모든 질량이 바로 그런 현상을 일으킨다. 이를 활용하여 특정한 질량을 '중력렌즈'로 활용한다면 평소 볼 수 없던 것들도 볼 수 있다. 가령 멀리 있는 별을 관측할 때 우리는 바로 그 별이 보내는 광선 중에서 바로 우리 쪽으로 방사되는 일부 광선을 보는 것이다. 그런데 우연히 다른 별(렌즈)이 우리 쪽에서 볼 때 첫 번째 별(광원) 앞을 지나가면, 광원의 빛이 거치는 공간의 굽음이 변한다. 중력렌즈로 인해 빛의 일부가 굴절되어, 원래는 지구 쪽으로 향하지 않던 빛까지 추가적으로 지구로 날아올 수 있다. 그리하여 그 광원은 한동안 평소보다 더 밝게 빛을 발하고, 렌즈 역할을 하는 별이 충분히 멀어지고 나서야 광도가 평소 수준으로 돌아온다.

이러한 중력렌즈는 언제나 관찰할 수 있다. 중력렌즈로 인해 전체 은하의 빛이 굴절됨으로 말미암아 은하가 이중 혹은 다중 이미지로 보이는 착시가 나타나기도 한다. 어떤 은하는 중력렌즈로 말미암아 고리나 아치형 원호처럼 보인다. 하지만 정말 흥미로운 것은 행성을 하나 거느린 별이 그런 렌즈 역할을 할 때다. 그런 천체가 지구에서 보기에 다른 별(광원) 앞을 지나가게 되면, 이런 중력렌즈가 광원의 광도를 높일 뿐 아니라 행성의 광도까지 높인다. 광도 변동 폭은 그리 크지 않지만 감도 높은 망원경으로는 측정할 수 있다. 그리고 광원의 밝기 변화로부터 중력렌즈로 작용하는 별에 딸린 행성의 특성을 계산할 수 있다.

복잡한 이름을 갖게 된 사연

그런데 이런 관찰 방법에는 한 가지 문제가 있다. 바로 이런 중력렌즈 사건은 일회성이라는 것이다. 이에 참가하는 별 두 개가 서로 무관하다. 서로 멀리 떨어져 있을지도 모른다. 다만 지구에서 보기에 우연히 일직선 상에 놓인 것이다. 렌즈 별이 계속 운동해나감으로써 그 사건은 지나가버리며 반복적으로 실행할 수 없다. 이렇게 관측을 반복할 수 없으면, 어느 행성의 발견을 확실시하기가 어렵다.

그리하여 이 경우에는 서로 다른 두 연구팀이 중력렌즈 사건을 추적했다. 폴란드의 연구팀인 OGLE collaboration Optical Gravitational Lensing Experiment 과 호주의 연구팀인 MOA-Group Microlensing Observations in Astrophysics 이었다. 이 두 팀은 동시에 같은 별에서, 같은 밝기 변화를 관측할 수 있었으며 같은 결론을 내렸다. 중력렌즈로 작용한 별이 목성의 약 2.5배 질량의 행성을 거느리고 있다는 것이었다. 두 팀이 연구에 참여했기에 이 렌즈별은 'OGLE'와 'MOA', 이 두 팀이 사용하는 명칭이 모두 들어간 복잡한 이름을 갖게 되었다. 이것이 바로 이 별이 이렇게 어려운 이름을 갖게 된 사연이다.

72

Orion Source I
소금 별

소금이 만들어낸 라디오파

우주는 짜다. 최소한 오리온자리의 Orion Source I이라는 별 주변은 그렇다. 우리에게서 약 1300광년 떨어진 이 천체 주변에서는 많은 염화나트륨이 발견되었다. 집집마다 있는 평범한 '식염' 말이다. 그런데 어떻게 그런 곳에 소금이 있는 걸까? 그리고 그것을 또 어떻게 발견한 걸까?

두 번째 질문에 대한 답은 이렇다. 칠레 북부 아타카마 사막의 해발 5000미터 고원에 있는 전파망원경인 ALMA Atacama Large Millimeter/submillimeter Array 를 이용해 발견했다. 바로 소금이 만들어낸 라디오파를 잡아낸 것이다. 라디오파는 물론 뉴스나 교통 방송, 1980~1990년대 추억의 팝송을 내보내는 라디오 프로그램이 아니고, 긴 파장을 가진 전자기파를 말한다. 일반적인 가시광선도 전자기파에 속한다. 별은 모든 파장의 복사 에너지를 우주로 방출한다. 그런데 가까운 별의 광선이나 입자 충돌 등을 통해 외부로부터 에너지가 원자나 원자단 속으로 들어가면 잠시 뒤 다시 방출되는데, 이때 라디오파 영역의 파장을 가진 복사에너지로 방출된다.

아주 많은 입자가 에너지를 방출하기에, 이런 복사에너지를 지구에 있는 망원경으로도 포착할 수 있다. 그리고 원자 화합물은 그 구성에 따라 특정한 복사선을 만들어내기 때문에, 전파망원경을 통해 우주의 어느 곳에서 소금이 날아다니고 있는지를 알아낼 수 있다. 소금뿐 아니라, 설탕, 알코올 분자 등 다른 복합 화합물도 발견할 수 있는 것이다.

원시 행성계 원반에서 일어나는 일

Orion Source I의 경우에서 발견할 수 있던 것처럼 소금은 '원시 행성계 원반protoplanetary disk'에서 생겨난다. 이것은 가스와 먼지로 된 커다란 우주 구름에서 별이 탄생하고 남은 물질을 말한다. 이런 물질들은 탄생한 젊은 별 주변에 원반으로 모여 있는데, 여기에서 나중에 행성들이 탄생할 수 있다. 이런 원반에서는 많은 원자들이 질주한다. 주로 우주에서 가장 흔한 원소들인 수소와 헬륨이다. 하지만 나트륨과 염소 같은 다른 원소도 있다. 원자가 우연히 충돌하여 결합을 하기에는 일반적으로 우주 공간은 너무 넓고 여유 공간이 많다. 하지만 원시 행성계 원반의 경우는 원자들 외에 미세한 먼지 입자들도 있다. 이것들은 아주 오래전, 우주 구름이 젊은 별이 아니라 그냥 구름이었을 적에 탄생한 것들이다. 그리하여 이런 먼지 입자들에 각각의 원자가 붙어 다닐 수 있고, 시간이 흐르면서 서로 결합할 수 있다.

Orion Source I에서는 이런 방식으로 다량의 소금(염화나트륨을 비롯해 염화칼륨과 다른 종류의 소금들)이 만들어졌다. 이것은 지구 대양 전체에 있는 소금에 맞먹는 양이다. 그러나 이곳의 소금이 정확히 어떻게 만들어졌는지는 아직 알려지지 않았다. 2019년 이 소금 별이 발견되기 전까지 학자들은 전형적인 원시 행성계 원반은 소금 입자들이 생성되기에 적합하지 않은 조건이라고 생각했다. Orion Source I은 정말 특이한 경우인지도 모른다. 하지만 앞으로 젊고 소금이 많은, 또 다른 별이 발견되어 원시 행성계 원반에 대한 우리의 생각을 고쳐줄지도 모른다.

리치
죽은 별과 유령 행성들

중성자별을 도는 세 개의 행성

1992년 폴란드의 천문학자 알렉산더 볼시찬Aleksander Wolszczan이 '리치Lich'라는 별 주위를 도는 세 행성을 발견했을 때 동료 학자들은 약간 당혹스러웠다. 오래전부터 외계 행성, 즉 태양 말고 다른 별을 도는 행성을 찾던 중이었는데 이제 드디어 발견했으니 기뻐해야 마땅한데도 말이다. 하지만 리치는 평범한 별이 아니었기에 천문학계는 리치를 돌고 있는 것을 정말로 '행성'이라고 불러야 할지 판단을 내릴 수 없었다.

'리치'라는 말은 고대 영어에서 유래한 단어로, '시체'라는 뜻인데, 참으로 딱 맞아떨어지는 이름이 아닐 수 없다. 그도 그럴 것이 리치라는 별은 그야말로 '죽은 별'이기 때문이다. 리치는 '펄사'라 불리는 별이다. 지구로부터 약 2300광년 떨어진 곳에 있는 이 별은 옛날에는 우리 태양보다 훨씬 질량이 큰 커다란 별이었다. 그러다가 핵융합 연료들이 바닥나면서 중력 붕괴를 시작했고 결국 지름은 10~20킬로미터에 불과하지만 질량은 우리 태양과 맞먹는 중성자별이 되었다. 중성자별은 몹시 빠르고 규칙적인 자전을 하며, 그중 다수는 규칙적인 간격으로 전자기파를 방출한다. 그런데 빠른 자전으로 인해

자기장에 소용돌이가 생기면서 이런 전자기파가 등대에서처럼 두 개의 서치라이트 형태로 우주로 방출된다. 이것은 전파망원경을 통해서만 관측할 수 있는데, 별이 규칙적으로 회전을 하기에 빛도 규칙적으로 '맥동'한다.

그러나 볼시찬은 이런 맥동이 리치의 경우에는 기대만큼 규칙적이지 않다는 것을 발견했다. 마치 주변에 다른 천체가 있어 그 중력으로 인해 이 중성자별이 약간 동요하는 것처럼 보였다. 신호를 정확히 분석한 결과 세 천체가 이러한 작용을 돕는 것으로 나타났다. 그중 하나는 지구보다 약간 가볍고, 나머지 두 개는 지구 질량의 약 네 배에 달했다. 그로써 결론은 확실했다. 세 행성이 리치를 돌고 있다는 것.

존재할 수 없는 곳에 존재하다

그런데 원래 그곳은 행성이 발견될 수 없는 장소였다. 커다란 별이 붕괴해서 작은 펄서가 되려면 무지막지한 폭발이 동반되었을 것이고 그 폭발로 인해 그 별을 돌던 모든 행성이 파괴되었을 것이기 때문이다. 어떻게 그런 '시체'가 새로운 행성을 갖게 되었는지 정말 알 수 없는 노릇이었다. 이 수수께끼는 오늘날까지도 풀리지 않았다. 초신성 폭발에서 남은 잔해, 가스, 먼지로부터 다시금 몇몇 행성이 만들어지지 않았을까 하는 가능성이 제기되고 있다. 따라서 이 행성들 역시 이전 행성계의 '유령'들이라고 할 수 있다.

2015년 국제천문연맹이 외부 행성들과 그들의 별을 명명하는 콘테스트를 열었을 때, 남티롤 천문대원들이 이들에게 유령 이름을 붙여주자는 아이디어를 냈다. 그리하여 펄서 별 이름은 '리치Lich'가 되었고, 세 행성에는 불사의 존재나 유령 이름을 따서 '드라우그Draugr', '폴터가이스트Poltergeist', '포베토르Phobetor'라는 이름이 붙었다.

천문학계에는 그동안 볼시찬이 발견한 이 세 행성을 최초로 관측된 외계 행성으로 보지 않는다는 일반적인 합의가 존재한다. 리치는 진짜 별이 아니고 죽은 별의 잔재일 뿐이기 때문이다. 이런 '유령 행성'을 거느린 펄사 별은 그 뒤 몇십 년 동안 두 개가 더 발견되었다. 따라서 이런 천체는 아주아주 드문 케이스인 셈이다.

볼시찬이 이런 유령 행성들을 발견한 뒤 얼마 안 있어 진짜 외계 행성 관측이 잇따랐다. 3년 뒤, 태양과 흡사한 별인 페가수스자리 51에서 '진짜' 행성이 발견된 것이다. 그동안 발견된 외계 행성은 수천 개에 이른다. 죽은 별을 도는 유령 행성에 대해서도 지속적인 연구가 이루어지고 있다. 정상적인 행성계에 대해서는 그다지 알려주는 바가 없겠지만, 이들 덕분에 별과 행성의 죽음에 대해 더 잘 알 수 있을지도 모른다.

SO-102
심연의 가장자리

은하의 중심에 자리한 거대한 존재

SO-102는 천체계의 익스트림 스포츠 선수다. 어느 별보다도 더 빠른 속도로 은하수 중심을 팽팽 돈다. 그리고 고맙게도 이렇게 빠르게 움직이면서 우리에게 우리은하의 중심에 있는 천체가 어떤 것인지를 알려주고 있다. 우리은하의 중심에 있는 천체는 바로 태양 질량의 약 400만 배에 이르는 초대질량 블랙홀이다.

은하의 중심에 위치한 이런 어마어마한 천체는 사실 오래전부터 학자들이 추측해오던 존재였는데, 은하 중심 부근의 별들을 직접 관측하게 되면서 비로소 이런 추측이 의심할 바 없는 사실임이 확인되었다. 우리은하의 모습은 중심에 커다란 구가 있는 원반을 상상하면 된다. 이런 원반에 별들이 나선 형태로 팔처럼 늘어서 있으며 우리의 태양도 그중 하나다. 중심에는 '벌지bulge'라 불리는 1만 광년 규모의 볼록한 구 형태의 영역이 있는데 이곳에는 나선 부분보다 더 많은 별들이 모여 있어서 밀도가 높다. 그리고 이 모든 별의 중심에 초대질량의 블랙홀이 놓여 있는 것이다.

블랙홀에 대한 힌트를 주다

SO-102라는 별도 우리은하의 중심부에 있다. 이 별은 다른 별들과 함께 정말 짧은 시간 동안 질주하듯 중심부를 공전한다. 태양이 은하수를 공전하는 데 2억 2000만 년이라는 어마어마한 시간이 걸리는 반면, 2012년 미국의 천문학자 안드레아 게즈Andrea Ghez (2020년 노벨물리학상을 받았다.-옮긴이) 팀이 발견한 바에 따르면 SO-102가 은하수 중심의 블랙홀 주변을 한 바퀴 도는 데는 단 11.5년밖에 걸리지 않는다. 이 별은 알려진 어떤 별보다 더 빠르게 운동하는 것으로 드러났고, 이로써 매우 소중한 정보원으로 부상했다.

빛 한 줄기도 빠져나올 수 없는 '검은' 블랙홀과는 달리, 그런 별은 관측이 가능하기 때문이다. SO-102와 같은 별들은 비로소 그곳에 초대질량 블랙홀이 있음을 확실히 보여줄 뿐만 아니라, 우리가 블랙홀의 특성을 유추할 수 있게 힌트를 준다.

별은 자신이 공전하는 천체에 가까울수록 속도가 더 빨라진다. 여기에도 별을 도는 행성의 운동과 같은 법칙이 적용된다. 그리고 행성의 운동으로부터 그 행성이 공전하는 별이 얼마만큼 무거운지(별의 질량이 얼마나 되는지)를 계산할 수 있듯이 SO-102와 같은 별들의 공전궤도로부터 그런 별들이 공전하는 천체가 얼마나 무거운지(천체의 질량이 얼마나 되는지)도 알 수 있다. 1990년대 말에 이미 SO-102처럼 은하의 중심에서 가까운 별들을 관측하여, 은하의 중심에 엄청난 질량의 천체가 존재한다는 걸 예상하고 있었다. 그리고 공전궤도의 크기로부터 이 은하 중심에 존재하는 천체가 어느 정도 규모일지 그 상한선도 대략 알 수 있었다.

그 결과 우리은하의 중심부, 작은 공간에 엄청난 질량이 집적되어 있는 것으로 나타났고, 그것은 결국 블랙홀일 수밖에 없다는 결론이 나왔다. 그리고 S0-102가 은하수 중심을 완전히 한 바퀴 다 돈 뒤에 데이터를 분석해보니 이런 결론은 의심할 바 없는 것으로 나타났다. 게즈 팀은 정확히 관측된 두 번의 공전궤도로 블랙홀의 질량을 태양 질량의 410만 배로 규정할 수 있었다.

따라서 은하의 중심에 상상할 수 없을 정도로 엄청난 블랙홀이 있다는 것만큼은 명확하다. 아울러 다른 모든 커다란 은하의 중심에도 그런 천체가 있을 것이라 추정된다. 그러나 이런 초대질량 블랙홀이 어떻게 생겨나는 건지는 아직 수수께끼다. 어쨌든 '보통' 블랙홀처럼 별이 붕괴해서 생겨나는 건 아닌 듯하다. 그렇게 거대한 질량을 가진 별들은 있을 수 없기 때문이다.

S0-102 같은 별들은 앞으로도 계속해서 천문학계의 관심을 받을 예정이다. 블랙홀에 너무 가까이 다가가다 먹혀버리지만 않는다면, 이런 별들은 앞으로도 이런저런 우주의 비밀들을 들추게 해줄 것이니 말이다.

GRB 010119
양자 중력과 플랑크의 별

상대성이론과 양자역학의 한계

과학은 커다란 문제를 안고 있다. 우주를 묘사하는 데 가장 중요한 이론 두 개가 서로 모순을 빚기 때문이다. 우선 상대성이론은 우주의 커다란 구조들과 빅뱅으로부터 지금까지 전 우주의 발전을 묘사하는 데 활용된다. 두 번째로 양자역학은 물질을 구성하는 기본 입자들이 어떻게 행동하는지를 설명한다. 이 혁명적인 두 이론은 무수한 실험에서 거듭 입증되었다. 그러나 우리는 두 이론 모두에 한계가 있음을 알고 있다.

양자역학은 중력을 설명하지 못한다. 그리고 상대성이론은 소립자의 양자 세계에 적용되지 않는다. 하지만 이 두 이론을 모두 고려해야 하는 현상들이 있다. 가령 블랙홀이나 빅뱅 후 초기 우주를 설명해야 할 때가 그렇다. 이 두 경우는 상대성이론이 담당하는(거시세계의) 영역임과 동시에 양자역학이 개입해야 하는(미시세계의) 영역이기 때문이다.

상대성이론과 양자역학, 어느 것도 혼자서는 이런 과정을 정확히 설명해낼 수가 없다. 수십 년 간 학자들이 연구에 매진했음에도 불구하고 현실을 묘사하는 이 두 이론을 연결할 수가 없었다. 상대성이론과 양자역할을 잇는 '양자 중력 이론' 같은 것은 애석하게도 아직 정립되지 않은 상태다.

루프 양자 중력 이론

물론 이런 양자 중력 이론과 관련하여 수많은 아이디어와 가설이 나오고 있다. 시공간이 상대성이론이 묘사하는 것과는 달리 불연속적인 것이 아닐까 하며 머리를 굴려보는 학자들도 있다. 작은 '공간 입자'들이 있어 그것이 공간을 구성하고 있을지도 모른다. 그리고 공간이 임의로 작아질 수 없는 것처럼 최소 시간 단위들이 있을지도 모른다. 루프 양자 중력 이론Loop Quantum Gravity을 신봉하는 물리학자들은 최소한 그렇게 주장한다. 그들은 우주가 선과 매듭으로 이루어진 네트워크로 구성되어 있을 것이라고 상상한다. 이런 상상으로 묘사한 우주에서 공간은 연속체가 아니다. 오히려 직물의 '코'로 이루어진 천 조각과 비슷하다. 그리고 공간을 이루는 이런 최소 단위보다 더 작은 것은 있을 수 없다.

이렇게 접근하면 블랙홀 문제를 해결할 수 있을 것이다. 블랙홀은 커다란 별이 생애의 마지막에 중력을 못 이기고 스스로 붕괴함으로써 생겨난다. 질량이 무거운 별인 경우 학자들은 현재로서는 이런 과정을 억제할 수 있는 힘을 알지 못한다. 우리의 기존 지식에 의하면 이 붕괴의 결과는 별의 전 질량이 모이는 무한히 작은 점이다. 이것을 '특이점Singularity'이라고 하는데, 이것은 현실에는 없다. 진짜 우주에서는 천체들이 무한히 작아지지 않기 때문이다. 그러므로 이런 현상을 이성적으로 설명하기 위해 우리는 새로운 이론을 필요로 한다.

그런데 이 루프 양자 중력 이론은 그런 별의 밀도가 극도로 높아질 수 있지만, 무한히 그렇게 되지는 않는다고 말한다. 공간을 구성하는 기본 입자보다 더 작아질 수는 없기 때문이다. 이로써 우주의 구조 스스로가 별의 붕괴를 억제하는 힘을 행사하는 것이다.

루프 양자 중력 이론을 신봉하는 학자들은 이렇게 하여 생성되는 별을 양자역학의 창시자인 막스 플랑크의 이름을 따서 '플랑크의 별 Planck Star'이라고 부른다. 이런 별이 진짜 있는지는 알 수 없다. 하지만 플랑크의 별이 있다 해도 그것은 어느 순간에 다시 사라질 것이다. 수축하는 별이 특이점이 되지 않고, 최소의 공간 단위들에 부딪혀 팅겨 나가는 등 충돌을 거듭할 것이기 때문이다. 이런 사건은 우리에게 아주 순식간에 일어나는 거대한 폭발로 보일지도 모른다.

실제로 거대한 폭발이 관측되곤 한다. '감마선 폭발'은 우주에서 언제나 볼 수 있는 현상으로, 이때 엄청나게 밝은 빛이 전 우주로 방출된다. 이런 폭발은 대부분 생애를 마치며 폭발하거나 서로 충돌하는 별을 통해 야기된다. 그러나 특히나 짧은 감마선 폭발은 이론적으로는 플랑크의 별에서 유래했을 수도 있다.

GRB 010119는 이런 아주 짧은 감마선 폭발 중 하나다. 그는 2001년 1월 19일에 단 0.2초간 하늘에서 빛났고, 그 뒤 아무리 찾아도 잔광 같은 것은 없었다. 섬광이 잠시 보였던 자리는 그냥 검고 텅 비어 있었다. 정확히 플랑크의 별에 기대할 수 있는 행동이었다. 물론 이것이 플랑크의 별이 있다는 증거가 될 수는 없다. 루프 양자 중력과 무관한 기존의 이론만으로도 이런 현상을 설명할 수 있기 때문이다. 양자 중력에 대한 연구는 아무튼 계속될 것이다. 과학의 커다란 질문은 답을 필요로 하기 때문이다.

'중력의 빛'과 함께 천문학의 새로운 시대가 개막된 것이다.

숄츠의 별
스치듯 안녕

7만 년 전 가장 가까이에 있던 별

우주에는 상상할 수 없을 만큼 많은 별이 있다. 그러나 그보다 더 많은 것은 아무것도 없는 공간이다. 별들 사이에는 엄청난 공간이 있고, 자리가 너무나 많이 남아돌기에 두 별이 충돌하는 일은 거의 없다. 그러므로 태양도 충돌에 의해 파괴될 위험이 없다.

지금까지 우리에게 가장 가까이 다가왔던 별은 '숄츠의 별'이다. 이 별은 7만 년 전 우리 곁을 지나갔다. 하지만 이 사건을 '거의 충돌할 뻔한' 사건이라 칭하는 것은 좀 과장된 것이다. 당시 태양과 숄츠의 별 사이의 거리는 최소 5만 2000천문단위에 달했기 때문이다. 1천문단위는 지구와 태양 간의 평균 거리이므로, 숄츠의 별이 지구와 태양 거리의 5만 2000배 되는 지점을 지나갔다는 이야기다. 이것은 0.8광년에 해당하므로 충분히 안전한 거리에 있었다고 할 수 있다.

물론 당시 숄츠의 별은, 앞서 언급했듯 프록시마 켄타우리와 태양 거리의 5분의 1밖에 안 될 정도로 태양과 가까웠다. 그러나 석기시대 우리의 조상들은 숄츠의 별에 대해 전혀 알지 못했을 것이다. 숄츠의 별은 태양의 10분의 1 정도 되는 아주 작은 적색왜성이기 때문이다.

별이 옆으로는 이동하지 않는다면

숄츠의 별은 현재 외뿔소자리에 있다. 하지만 너무 빛이 약해서 망원경 없이는 볼 수 없다. 이 별이 천문학자들에게 관심을 받은 것은 비로소 2013년에 와서였다. 당시 이 별은 포츠담 소재 라이프니츠 우주물리학 연구소의 랄프-디터 숄츠Ralf-Dieter Scholz의 주목을 끌었다. 숄츠가 이 별이 하늘에서 옆으로는 거의 이동하지 않는다는 사실을 발견한 것이다. 이것은 이 별이 우리를 향해 다가오거나 아니면 멀어지고 있다는 뜻이었다. 그리하여 랄프-디터 숄츠는 이 별의 운동을 더 자세히 연구했고, 이 별이 태양에게서 멀어지고 있다는 것과 7만 년 전에는 우리와 훨씬 가까웠다는 것을 확인했다. 그리하여 갑작스러운 유명세를 타게 된 이 별은 '숄츠의 별'이라는 별명을 얻었다. 그 전에는 그냥 WISE J072003.20-084651.2라는 공식적인 목록상의 명칭만 가지고 있었는데 말이다.

숄츠의 별 같은 적색왜성은 갑작스러운 광도의 변화를 보여준다. 아주 작다 보니 이 별을 구성하는 물질 전체가 계속해서 운동을 하고 있기 때문이다. 뜨거운 가스가 별의 중심부에서 표면으로 올라갔다가, 그곳에서 다시금 중심부로 가라앉는다. 커다란 별에서는 훨씬 약하게 일어나는 이런 운동은 강한 자기장을 발생시킨다. 이런 자기장에서 에너지가 방출되면, 커다란 폭발이 일어나고 별의 밝기가 변화하게 된다. 이때 이론상으로 숄츠의 별은 몇 분 혹은 몇 시간 동안 육안으로 보일 만큼 밝아지게 된다.

정말로 그랬을까? 그래서 7만 년 전에 선조들도 이 별을 분간할 수 있었을까? 물론 이 질문은 어디까지나 사색에 불과하다. 우리의 태양과 숄츠의 별이 '거의 충돌할 뻔한 사건'은 최소한 역사적으로는 전혀 인상을 남기지 못했으니까.

하지만 천문학적으로는 그렇지 않다. 숄츠의 별이 당시에 그의 중력으로 태양계 가장자리에 있는 여러 혜성 중 일부의 궤도를 바꾸어 놓았을 수도 있다. 그 혜성들이 새로운 궤도로 운동하면서 언젠가 지구와 충돌할지도 모르는 일이다. 하지만 그럴 확률은 굉장히 희박하다. 혹 그렇다 하여도 이런 혜성이 태양계 외부 경계로부터 지구까지 이르는 데는 수백만 년이 소요될 것이다. 진부하지만 자명한 진실, 우주는 어마어마하게 크기 때문이다.

이카루스
먼 곳에서 온 손님

우주가 만들어낸 우연

이카루스MACS J1149 Lensed Star1 는 정말 특별한 별이다. 2013년 처음으로 허블 우주 망원경 거울에 떨어진 이 별의 빛은 긴 여행을 해온 참이었다. 상상을 초월할 정도로 긴 시간, 93억 4000만 년 전에 이카루스를 떠난 빛이었던 것이다. 당시 우주는 지금처럼 나이가 많지 않았다.

그 이전에는 이렇게나 멀리 있는 별을 관측하는 건 불가능한 일이었다. 하나의 별이 내는 빛은 이렇게 어마어마한 거리를 통과해서 우리에게 보일 만큼 강하지 않기 때문이다. 그럼에도 이렇게 멀리서 온 별빛을 볼 수 있었던 것은 우주적 우연 덕분이었다.

멀리 있는 별 이카루스는 먼 은하에 속해 있고, 우리와 이런 은하 사이에는 엄청난 우주 공간이 있다. 그러나 그 사이에 다른 천체들도 엄청나게 많다. MACS J1149+2223과 같은 은하단도 그 사이에 있다. 2013년 천문학자들이 허블 우주 망원경으로 관측하고자 했던 것은 바로 이 은하단이었다. 학자들은 그곳에 있는 초신성을 연구하고자 했는데, 그때 찍힌 영상에 갑자기 다른 점이 밝게 빛나고 있었고 그 뒤 몇 년간 점점 밝아지는 것이었다. 분석 결과 이는 뜨겁고 파란

거성의 빛으로 드러났다.

이런 별은 보통 관측이 불가능하다. 그런데도 이 별빛이 관측된 것은 바로 MACS J1149+2223 은하단의 질량 때문이었다. 아인슈타인의 상대성이론에 따르면 은하단의 질량은 공간을 굽게 하며, 광선도 이렇게 굽은 공간의 영향을 받아 휘어진다. 이때 은하가 거대한 렌즈 역할을 하여 그 뒤에 위치한 천체의 빛을 더 강하게 만들 수 있다. 하지만 그것으로도 아직 충분하지 않다. MACS J1149+2223과 같은 '중력렌즈'는 그 뒤에 놓인 별빛을 50배 정도 더 밝게 만들 수 있지만, 그조차도 지구에서 관측하기엔 부족한 밝기이기 때문이다.

여기에 바로 우연이 끼어들었다. 은하단에 속한 은하의 한 별이 우연히 지구와 이카루스 사이에 끼어든 것이다. 이에 렌즈나 거울을 결합하여 광학 망원경의 성능을 높일 때 일어나는 현상과 같은 현상이 일어났다. 결국 은하단의 커다란 중력렌즈와 한 별의 작은 중력렌즈가 서로 합쳐져, 이카루스의 광도가 2000배나 높아졌다. 허블 망원경이 관측하기에 충분해진 것이다.

중력렌즈를 통해 젊은 우주를 보다

앞으로 천문학자들은 의도적으로 이런 중력렌즈들을 탐색할 것이다. 그 과정에서 광도가 증대되는 광원뿐 아니라 렌즈 역할을 하는 천체들에 대해 알 수 있기 때문이다. 이런 방식으로 먼 은하에 속한 별들의 특성이나 그곳에 별처럼 중력렌즈 효과를 유발할 수 있는 블랙홀이 있는지를 알아낼 수 있을 것이다.

그러다 보면 젊은 우주에 블랙홀이 얼마나 많이 있었는지도 알아낼 수 있을지 모른다. 이것은 빅뱅 뒤 일어난 일을 이해하는 데 중요한 정보원이 되어줄 것이다. 질량이 아주 큰 별만 블랙홀이 될 수 있으며, 그런 별의 수는 우주가 탄생한 후 물질들이 어떻게 분포했는지에 따라 달라지기 때문이다. 따라서 중력렌즈를 통해 먼 은하를 보면 탄생 직후의 우주를 간접적으로 관찰할 수 있다.

이카루스 같은 파란 거성은 수명이 불과 몇억 년 정도다. 그러므로 빛이 지구에 도달하기 훨씬 전에 이 별은 죽은 존재가 되었을 것이다. 하지만 그가 남긴 빛은 오랫동안 천문학자들에게 매력을 행사할 전망이다.

시리우스
역할을 잃다

홍수를 알리는 별

4000년 전 이집트 문명에서 새벽 여명에 보이는 시리우스는 크나큰 관심의 대상이었다. 당시 시리우스는 홍수를 예보하는 별이었기 때문이다.

시리우스는 오늘날에도 여전히 주목을 끄는 별이다. 우리 태양을 제외하고는 하늘에서 가장 밝게 빛나는 별이기 때문이다. 시리우스는 태양보다 더 크고, 뜨겁고, 질량도 크다. 거리는 8.6광년 정도로 아주 가까이에 있어 간과할 수 없는 별이다.

고대 이집트인도 시리우스를 결코 간과할 수 없었다. 나일강은 1년에 한 번씩 범람하는데, 이는 주변 땅을 비옥하게 만들어주므로 예로부터 이집트 사람들에게 가장 중요한 사건 중 하나였다. 나일강 홍수가 없으면 주변 밭에 진흙도 물도 공급되지 않기 때문이었다. 이렇듯 중요한 나일강의 범람을 고대 이집트인은 시리우스를 보고 예상했다. 매년 봄 많은 물을 품은 계절풍이 에티오피아 남쪽에 비를 몰고 오는 것이 나일강 범람으로 이어졌는데, 같은 시기 새벽하늘에서 으레 시리우스가 뜨는 걸 볼 수 있었다. 그렇다. 해와 달처럼 별들도 뜨고 진다. 물론 정말로 뜨고 지는 것이 아니라 지구의 자전으로 인해 우리 눈에 그렇게 보이는 것뿐이지만 말이다.

항성일과 태양일, 4분의 간극

그런데 지구는 단순히 자전만 하지 않고, 태양 주위도 공전한다. 그리하여 지구의 자전 시간을 계산할 때 먼 별을 기준으로 삼느냐, 가까운 태양을 기준으로 삼느냐에 따라 차이가 생긴다. 가령 지표면의 특정 지점이 하늘의 별을 기준으로 자전 뒤 전날과 같은 위치에 오게 되는 시간을 측정할 수 있다. 이 시간은 23시간 56분 4초다. 이른바 '항성일Sidereal day'이라는 것이다. 그러나 이런 별의 하루가 끝날 때 태양은 전날과 같은 위치에 있지 않다. 그러는 동안에 지구가 태양을 도는 공전궤도에서 조금 나아갔기 때문이다. 그리하여 태양은 우리가 보기에 약간 다른 각도에 있고, 이런 차이를 상쇄하려면 지구가 좀 더 자전할 때까지 기다려야 한다. 그 시간이 정확히 3분 56초다. 비로소 이렇게 24시간이 지나간 다음에야 '태양일'이 완성된다.

달리 말하면, 별은 하루에 태양보다 4분씩 더 앞서 뜬다. 태양과 시리우스가 특정한 날 정확히 같은 시간에 지평선에서 떠오르는 것을 '신출(新出, heliacal rising)'이라 한다. 그다음 날이면 시리우스는 해뜨기 4분 전에 등장하며 다시 그다음 날이 되면 또다시 4분 빠르게 등장하여 8분이 빨리 진다. 이것이 계속 반복된다.

별이 태양과 너무 가까이에 있으면 당연히 우리 눈에 보이지 않는다. 그러나 태양과 동시에 뜬 뒤 며칠 지나면, 시리우스처럼 밝은 별은 새벽하늘에서 쉽게 발견할 수 있다.

4000년 전 고대 이집트인들은 새벽하늘에 시리우스가 보이면, 얼마 안 가 1년에 한 차례씩 있는 나일강 범람이 일어난다는 것을 알게 되었다. 다시금 새벽하늘에 모습을 드러낸 시리우스가 바로 새로운 농사의 시작을 상징하게 된 것이다. 그리하여 이집트인은 이날 소티스 축제를 열어 새로운 해의 시작을 기념했다. 이집트인은 시리우스를 '소티스'라 불렀고 이 축제는 이집트력에서 가장 중요한 축제였다.

따라서 인간이 수천 년 전부터 별 연구에 관심을 기울였던 것도 놀랄 일이 아니다. 하늘에서 일어나는 일을 아는 사람은 땅의 일을 더 잘 계획하고 통제할 수 있다. 별이 빛나는 밤하늘에 대한 지식은 종교적, 실용적으로 꼭 필요한 통치 수단이었다.

오늘날 시리우스는 과거 자신이 지녔던 중요성을 잃어버렸다. 아스완댐 덕분에 이제 나일강은 범람하지 않는다. 그리고 지난 몇천 년간 자전축의 기울기 변화로 인해 별들의 위치도 바뀌었기에 이제 시리우스에게 나일강 홍수를 알리는 별로서의 역할을 기대할 수도 없을 것이다. 오늘날 새벽하늘에 뜨는 시리우스에 관심을 갖는 사람들은 농경과 상관없이 새벽하늘 밝은 별의 등장이 즐거워서 관측하는 아마추어 천문학자들뿐이다.

V1364 Cygni
암흑 물질을 찾아서

은하단을 묶어주는 무언가

백조자리에는 육안으로도 잘 보여 사람들의 주목을 끄는 밝은 별들
이 많다. 그러나 잘 보이지 않는 별들을 관측하는 것도 꽤 보람이 있
는 일이다. 그 별들이 눈에 보이지 않는 특별한 존재를 암시해주기
때문이다.

'V1364 Cygni'라는 이름의 별은 망원경으로라야 겨우 볼 수 있는
눈에 띄지 않는 별 중 하나다. 그러나 그를 두드러지게 만들어주는
점이 있다. 바로 이 별이 '세페이드 변광성'이라는 것이다. 즉 특별한
방식으로 밝기 변화를 보여주어 지구와의 거리를 유추할 수 있게 해
주는 별이다. 그리하여 이 별은 천문학자들이 거의 100년 전부터 몰
두해온 수수께끼 풀이를 도와줄 수 있을 것으로 보인다.

1933년 천문학자 프리츠 츠비키Fritz Zwicky는 은하단의 은하들을
관측한 자료를 공개했다. 우리 태양계의 행성들이 태양의 중력으로
함께 묶여 있는 것처럼, 은하단의 은하들도 서로에게 중력을 행사한
다. 그리고 이런 중력의 세기에 따라 그들이 어느 쪽으로 어떻게 움
직일 것인지가 결정된다. 가령 태양의 중력은 지구가 우주 멀리 도망
가버리지 않고 계속해서 자신의 주위를 돌게끔 하기에 충분하다. 은

하단 속의 은하들도 이렇듯 서로 묶여 있음이 틀림없다. 그렇지 않다면 무리를 이루지 못할 것이기 때문이다.

그런데 츠비키는 상당히 이상한 것을 확인했다. 은하들의 운동을 측정해보니 생각보다 너무 빨랐던 것이다. 은하들이 이렇듯 빠르게 운동한다면, 은하들이 오래전에 사방으로 뿔뿔이 흩어졌어야 했다. 그들을 붙잡아 두기에는 전 은하단의 중력이 너무 약하기 때문이다. 츠비키는 은하의 빛을 관측하고는 각각의 은하에 얼마나 많은 별이 있어야 하는지를 계산했다. 그리고 그로부터 은하의 질량을 유추하고, 서로에게 미치는 중력의 세기를 유추했다. 그런데 이런 강도는 은하들이 계속 무리를 이루고 있도록 하기에는 불충분한 것으로 드러났다.

뭔가 다른 것이 은하단을 묶어주고 있음이 틀림없었다. 츠비키는 은하단의 은하 내부에 그리고 은하들 사이에 또 다른 물질이 있을 거라는 결론을 내렸다. 뭔가 보이지 않는 물질이 말이었다. 그리하여 츠비키는 이를 '암흑 물질'이라 이름 지었다.

무엇이 별의 움직임을 통제하는가

그로부터 수십 년 뒤 미국의 천문학자 베라 루빈Vera Cooper Rubin도 똑같은 문제에 봉착했다. 루빈은 은하단의 은하가 아니라, 은하 속 각각의 별들을 관찰했다. 그들의 움직임도 다른 별들의 중력에 영향을 받는다. 그런데 별의 대부분이 중심부에 있으니, 은하 중심에서 멀어질수록 별의 운동도 느려져야 한다. 행성이 태양에서 먼 궤도를 돌수록 운동이 느린 것처럼 말이다.

그러나 루빈은 별들의 속도가 중심과의 거리에 비례하여 감소하지 않는다는 것을 확인했다. 은하의 보이는 질량이 운동에 별 영향을 못 미친다는 것을 보여주기라도 하듯 운동 속도가 확확 변화하지 않는 것이었다.

이런 발견은 거듭 확인이 되었다. 우리은하도 그런 것으로 나타났다. 2018년 V1364 Cygni 별과 수백 개의 다른 세페이드 변광성들을 활용해 은하수 중심부로부터의 거리와 속도 사이의 연관을 정확하게 규정하는 전례 없는 작업이 이루어졌는데, 여기서도 관측된 중력의 강도를 유발하는 데 필요한 물질의 양과 보이는 물질의 양은 현격한 차이를 보였다.

따라서 우주에 '일반적인' 물질과는 확연히 다른 형태의 물질이 있는 것이 틀림없다. 그것은 빛이나 다른 전자기파를 방출하거나 반사하지 못하는 '암흑 물질'일 것이다. 그 존재를 간접적으로만 알 수 있는 '보이지 않는' 물질 말이다. 게다가 모든 별과 은하가 현재 관측할 수 있는 것처럼 운동하기 위해서는 암흑 물질이 보통 물질보다 다섯 배는 많아야 한다는 결론이다.

이런 암흑 물질이 대체 어떤 종류의 물질인지 우리는 아직 알지 못한다. 시간이 흐르면서 많은 가설이 나왔지만, 사실로 확인된 것은 없다. 우리는 단지 천체들이 이상하게 운동한다는 것만 알고 있을 뿐이다. 그래도 그런 천체들을 충분히 많이 관측한다면, 늦든 빠르든 답을 찾을 수 있을 것이다.

80

KIC 8462852
외계 문명의 흥망성쇠

알 수 없는 패턴의 밝기 변화

1470광년 떨어진 곳에 외계 문명이 어마어마한 구조물을 설치해놓 았을지도 모른다. 그리고 거의 별 전체를 두른 그 구조물에서, 우리 는 상상도 못 할 양의 에너지를 활용하고 있을지도 모른다. 2015년 10월 여러 언론 매체가 그런 내용을 보도했다.

당시 천문학자인 타베타 보야잔Tabetha Boyajian 은 "이런 별은 지금 까시 본 적이 없다."고 말했다. 보야잔 팀은 KIC 8462852를 연구했 다. 이 별은 백조자리에 있는 태양보다 1.5배 큰 별로, 우주 망원경 케플러가 행성을 찾던 도중 관측했다(다른 별의 행성을 직접적으로 관측할 수 있는 건 아주 특별한 경우뿐이라, 대부분의 경우 간접적으로 연구를 진행한다).

케플러는 이 별빛의 미세한 밝기 변화를 살폈다. 광도 변화가 주 기적으로 나타난다면, 그것은 우리가 보기에 정확히 별 앞을 지나가 며 별빛을 약간 가리는 행성이 있다는 표시니까 말이다.

KIC 8462852도 밝기 변동을 보여주었다. 그러나 전혀 주기적이 지 않은 불규칙한 패턴을 보여주었고, 작은 행성에 의해 일어나는 것 이라 보기에는 변동의 폭이 심했다. 가령 2013년 2월 28일에는 별의 밝기가 22퍼센트 감소했고, 이틀 뒤에 다시금 예전 수준으로 회복되었다. 어떤 때는 밝기가 어두워지는 시기가 짧았고, 어떤 때는 더 길었다. 그리고 어떤 때는 밝기가 더 많이 감소했고 어떤 때는 감소 폭이 좁았다. 어떤 때는 수개월 동안 변함없이 보통 수준의 빛을 발하다가, 갑자기 몇 주 동안 광도가 여러 차례 변동하기도 했다. 도대체가 인식할 수 있는 패턴이 없어서 학자들은 고개를 갸우뚱했다.

다이슨이 구상한 초거대 구조물

기존에 알려진 천문 현상만으로는 이런 이상한 변화를 만족스럽게 설명할 수가 없었다. 그러다 보니 당시 KIC 8462852에 대한 인터뷰에서 이 연구에 참여하지 않았던 천문학자 제이슨 라이트Jason Wright가 외계인 이야기를 끄집어내게 된 것이다. 제이슨 라이트는 '거대한 구조물'이 밝기의 변화를 만들어내는 것일 수도 있다고 말했다.

라이트는 이런 경우 외계인은 늘 마지막으로 고려해야 하는 대안이라고 하면서도, KIC 8462852의 행동이 어떤 문명이 이른바 '다이슨 구Dyson Sphere'를 설치했을 경우 기대할 수 있는 현상에 놀라울 정도로 잘 들어맞는다고 했다.

다이슨 구는 1960년에 미국의 물리학자 프리먼 다이슨이 구상한 초거대 구조물이다. 다이슨은, 태양이 어마어마한 에너지를 우주로 방출하는 데 비해 지구에서 우리가 사용할 수 있는 양은 아주 조금밖에 되지 않는다면서, 거대 구조물을 만들어 태양을 두르면 어떨까 하는 생각을 했다. 지구의 궤도를 지름으로 한 구 모양의 구조물 안에 태양이 위치하는 형태를 말이다.

물론 현실적으로 그런 구조물을 설치하는 데는 너무나 많은 문제가 있다. 그런 거대한 구조물을 만드는 데 필요한 물질을 얻으려면 태양계의 광물을 전부 동원하다시피 해야 할 것이고, 또한 태양을 두를 만큼 튼튼한 구를 설치하려면 완전히 새로운 기술도 필요할 것이다. 그리고 만약 이런 일들이 다 이루어진다 해도 거쳐야 하는 까다로운 절차가 한두 가지가 아니다. 그러므로 차라리 '다이슨 스웜Dyson swarm'을 만드는 것이 더 쉬울 수도 있다. 다이슨 스웜은 우주에 띄운 태양전지 시스템이다. 즉 태양을 완전히 두르는 구 모양의 구조물 대신에 독립적으로 태양 주변을 돌며 에너지를 모으는 무수한 위성을 설치하자는 아이디어다.

다이슨 스웜 같은 것이 있다면 우리가 KIC 8462852에서 관측한 밝기의 변화도 설명이 가능하다. 하지만 정말로 외계 문명이 그곳에 그런 구조물을 설치했을 가능성은 거의 없다. 더욱이 이후 관측 결과에 따르면 이 별의 빛이 단순히 차단되는 것이 아니라, 어떤 파장의 빛을 관찰하느냐에 따라 광도의 변화가 심해지거나 약해진다는 것을 보여주었다. 이것은 행성과 같은 천체가 광도 변화를 유발하는 것이 아님을 보여준다. 하지만 커다란 먼지 구름이 별빛을 막을 때 나타나는 현상에는 상당히 잘 들어맞는다.

먼지가 어디서 오는 것인지는 아직 알 수 없다. 혜성에서 올 수도 있고, 행성이 충돌하면서 주변으로 먼지가 뿜어져 나왔을 수도 있다. 별 자체의 빛이 변화하는 것일 수도 있다. KIC 8462852는 여전히 수수께끼다. 그러나 외계 문명이 수수께끼의 장본인은 아닐 것이다.

81

별 23
네브라 하늘 원반

4000년 전 하늘 지도

별 23은 1센티미터도 되지 않는다. 그 구성 성분은 금이며 나이는 약 4000살이다. 사실 이 별은 인간이 만든 별이다. 그리고 하늘에서가 아니라 중부 독일의 땅속에서 발견되었다. 작센-안할트의 네브라 근처에 묻혀 있었던 것이다. 별 23은 이 유명한 '네브라 하늘 원반Nebra Sky Disk'의 일부로, 진짜 별도 아닌데도 우주의 별 못지않은 관심을 받았다.

1999년 7월의 어느 날 한밤중 일단의 도굴꾼들이 치겔로다 숲을 무자비하게 파헤치는 과정에서 이 하늘 원반을 발견했을 때, 이들은 이것이 얼마나 흥미로운 발굴물인지를 잘 알아보지 못했다. 추후 이 발굴물은 청동기 시대의 유물로, 현재 알려진 가장 오래된 하늘 지도인 것으로 밝혀졌다. 이 원반은 당시 인류의 사상을 엿볼 수 있게 해주었을 뿐 아니라, 선사시대 중부 유럽에 대한 우리의 생각을 완전히 바꾸어놓았다.

원반의 지름은 약 32센티미터다. 오늘날 녹색을 띠는 표면(그러나 원래는 진한 검푸른 색이었을 것이다)에 태양, 달, 별이 금색으로 빛나고 있다. 원래는 서른두 개의 별이 있었는데 현재는 서른 개밖에 없다. 그

중 일곱 개는 한 무리로 묶여 있는데, 그것은 육안으로 잘 보이는 플레이아데스 성단의 '일곱 별'이다. 커다란 금색 원은 태양 혹은 보름달을 연상시키고, 그 옆에 큼지막한 초승달이 보인다.

고대의 천문학을 엿보다

분석 결과 이곳에 당대의 천문학적 지식이 함축되어 있는 것으로 나타났다. 하늘 원반은 태음년과 태양년이 조화를 이루도록 어느 해에 윤달을 끼워 넣어야 할지를 실제 하늘과 비교해서 보여준다. 태양의 진행을 달력의 토대로 삼을지 아니면 달의 움직임을 토대로 삼을지에 따라 1년의 길이가 달라지기 때문이다. 이 둘을 서로 맞추려면 특정 간격으로 윤일을 끼워 넣어야 한다. 이 하늘의 원반은 언제 그렇게 해야 할지를 보여준다. 태음년과 태양년의 차이가 너무 크면 하늘에는 초승달과 플레이아데스 별들의 위치가 원반에 묘사된 것처럼 보이게 된다.

그런데 이 원반은 청동기 시대 달력을 수정해주는 불가피한 메모 이상의 역할을 한다. 이것은 당시에도 독특하고 가치 있는 물건으로, 지상의 인간들의 삶과 천상의 신들의 활동이 연결되어 있음을 보여주는 상징물이었다. 그러므로 이것은 당시 사람들이 우주에 대한 지식을 이용할 줄 알았고, 원반을 만드는 재료를 확보하고 활용할 수 있었음을 보여줌과 동시에 통치자의 권위를 보여주는 것이기도 하다.

이 하늘 원반 덕분에 우리는 청동기 시대에 이집트와 메소포타미

아뿐 아니라 중부유럽에도 발달된 문명이 있었음을 알았다. 처음에는 많은 사람이 이것이 위조된 것이 아닌가 의심했다. 무엇보다 도굴꾼과 장물아비 들이 그렇게 주장했다. 그래야 형이 감해지기 때문이었다.

그런데 별 23은 그것이 진품임을 증명하고 있었다. 하늘 원반은 만들어진 이래 여러 번 수정되었다. 원래는 그곳에 태양, 달 그리고 서른두 개의 별만 있었다. 그러던 것이 나중에 가장자리에 금으로 된 원호가 덧붙여졌다. 이 원호들은 중부 독일의 일몰과 일출 시각에 대한 데이터를 담고 있다. 사용된 금의 화학 분석 결과 천체를 상징하는 것들은 별 23을 제외하고는 모두가 같은 금을 사용하고 있는 것으로 나타났다. 별 23은 나중에 덧대어진 원호와 화학 성분이 같았다. 원반을 보면 원래 이 별이 원호를 덧붙이는 데 장애물이 되어 제거된 뒤 다른 장소로 옮겼음을 짐작할 수 있다. 게다가 다른 시점에도 또 손을 본 흔적이 남아 있어, 이 모든 복잡한 제작 과정으로 미루어볼 때 위조의 가능성은 별로 없다는 결론이 내려졌다.

네브라의 하늘 원반은 진품이다. 그리고 이것은 하늘이 얼마나 일찍부터 인류를 매혹했는지를 인상적으로 보여준다.

82

SN 2008ha
하늘은 모두를 향해 열려 있어

최연소 초신성 발견자

2008년 11월 7일은 금요일이었다. 이날 대부분의 10대들은 주말을 맞아 좋아라 하면서 10대들이 흔히 하는 활동을 했던 반면, 뉴욕에 거주하는 14세의 캐롤라인 무어Caroline Moore는 평범한 10대들은 별로 하지 않는 활동을 했다. 그것은 바로 컴퓨터에서 별들의 사진을 관찰하는 것이었다. 무어는 당시 퍼켓 천문대 초신성 수색puckett observatory supernova search 팀 회원으로 천문 사진에서 눈에 띄는 것을 찾는 자원 활동에 적극 참가하고 있었다.

사진들은 로봇 망원경이 찍은 것으로 캐롤린 무어 같은 아마추어 천문가들에게 전달되었다. 캐롤라인 무어는 이 시점에 7개월째 자원 활동을 하며 이미 많은 사진을 관찰한 터였다. 무어는 그날도 주의를 기울였음이 틀림없다. 그날 저녁에 무어는 간절히 찾고 있던 것을 발견했기 때문이다. 바로 초신성, 즉 늙은 별이 어마어마한 폭발로 생을 마치면서 휘황찬란한 빛을 발하는 현상을 말이다.

무어가 관찰한 두 사진은 하늘의 같은 구역을 서로 다른 시기에 관측한 것으로, 하나의 광점만 제외하고는 완전히 똑같았다. 광점 하나가 한 사진에는 있는데 다른 사진에는 없는 것이었다. 무어는 곧 자신의 발견을 알렸고, 10대 소녀의 관찰에 이어 천체 망원경의 더 커다란 눈이 약 7000광년 떨어진 초신성 폭발이 일어난 페가수스자리의 은하에 향했다.

무어의 발견은 공식적으로 확인되었고 이 초신성은 'SN 2008ha' 라는 이름을 얻었으며, 무어는 최연소 초신성 발견자라는 영예를 안았다. 게다가 이것은 아주 예외적인 초신성이었다. 보통의 초신성 폭발에서 기대할 수 있는 것보다 광도가 상당히 약했던 것이다. 별이 이런 방식으로도 생애를 끝마칠 수 있다는 건 그때까지 알려지지 않았다. 그리하여 무어의 발견은 천문학계에 별의 죽음에 대한 새로운 생각을 가져다주었다.

시민 과학으로서의 천문학

이 사건은 천문학이 아주 특별한 학문이라는 것을 말해준다. 중요한 발견을 하기 위해 다년간의 천문학 연구를 마칠 필요가 없기 때문이다. 취미로 천문학을 하는 사람들이 세계 곳곳에 있고 천문학 동아리나 사설 천문대, 또는 무어가 참여한 것 같은 자원 프로그램을 통해 천체를 관측하고 영상을 탐구하고 있다. 이런 아마추어 천문가들이 많은 혜성, 소행성, 초신성, 외계 행성을 발견했으며, 데이터도 분석하여 전문 연구에 도움을 주고 있다. 천문학의 연구 대상은 너무나 드넓고 조망하기 어려운 우주이기 때문에 이런 아마추어 천문가들의 기여는 상당히 소중하다. 이런 활동을 'Citizen Science' 즉 '시민 과학'이라 부른다.

많은 다른 학문과 달리 천문학에 참여하는 데는 많은 전문 지식이 필요하지 않다. 두 눈, 어두운 하늘, 그리고 우주를 이해하고 싶다는, 혹은 우주의 아름다움을 느껴보고 싶다는 소망이면 충분하다. 우주는 충분히 크고, 연구 소재는 쉽게 바닥나지 않는다. 그리하여 모든 사람에게 새로운 것을 발견할 수 있는 기회가 있다. 하늘은 모두를 향해 열려 있다.

스피카
기후 변화와 천체역학

기울어진 지구의 자전축

스피카Spica는 처녀자리에 있는 가장 밝은 별이다. 스피카는 라틴어로 '보리 이삭'이라는 뜻인데, 메소포타미아와 후대 로마 문명권의 사람들이 처녀자리에서 농경의 여신의 형상을 찾았기에 그런 이름이 붙었다. 그런데 스피카는 실제로도 농사와 어느 정도 관련이 있다. 지구의 기후 변화에 대해 기존에 알려진 바로는 최소한 그렇다.

계절이 규칙적으로 변하는 것은 지구의 자전축이 지구의 공전궤도와 수직을 이루고 있지 않기 때문이다. 지구의 자전축은 약 23.5도 기울어져 있다. 그리하여 지구의 북반구는 어느 시기에는 태양 쪽으로 향해 있고, 어느 시기에는 그 반대쪽으로 향해 있다(물론 남반구도 그렇다. 시기만 북반구와 거꾸로 일 뿐이다). 지구의 북반구가 태양 쪽으로 기울어지면, 하늘에 해가 떠 있는 시간이 길어지고 햇빛이 더 수직에 가깝게 내리쬐어 지상에 더 많은 열기를 공급한다. 1년 중에 딱 두 번만 밤낮의 길이가 같다. 이 시기를 '주야평분시'라고 부르며, 주야평분시는 봄과 가을의 시작을 알리기에 춘분, 추분이라 하고, 이날 하늘에 태양이 보이는 지점을 '춘분점', '추분점'이라 한다.

그러면 이제 이 지점에서 임의의 별에 이르는 거리를 측정할 수 있다(실제로 춘분점은 현대 천문학 좌표계에서 정확한 측정을 위한 기준점으로 활용된다). 이런 거리 측정은 몇 번을 되풀이해도 늘 같은 값이 나오게 되어 있다. 그런데 그리스의 천문학자 히파르코스는 기원전 2세기에 자신이 측정한 값이 예전 선조들이 측정한 값과 일치하지 않는다는 것을 발견했다. 스피카의 위치가 추분점을 기준으로 확연히 밀려나 있는 것이었다. 그는 이로부터 지구의 자전축이 세월이 흐르면서 방향을 바꾼다는 결론을 내렸다.

자전축의 원운동이 기후에 미치는 영향

오늘날 우리는 당시 히파르코스의 추측이 맞았다는 사실을 알고 있다. 자전축은 언제나 같은 방향을 가리키지 않고 약 2만 6000년 주기로 원운동을 한다. 그것은 태양과 달, 태양계 다른 천체들의 중력 때문이다. 이런 운동은 당연히 날씨에도 영향을 미친다. 현재 북반구는 지구가 공전궤도에서 태양과 가장 가까운 지점에 이를 때 겨울이 된다. 하지만 약 1만 1000년 뒤에는 지구의 자전축이 다른 방향을 가리킬 것이고, 그러면 북반구는 지구가 태양과 가장 가까운 지점에 있을 때 여름이 되고, 가장 멀리 있을 때 겨울이 될 것이다. 그렇게 되면 계절 간의 날씨 차이가 지금보다 더 확연히 나게 되고, 무엇보다 겨울이 더 오래 지속될 것이다.

이런 운동은 태양을 도는 지구의 궤도도 변화시킬 전망이다. 궤도가 더 작아지거나 더 커지고, 정확한 궤도에서 어떤 때는 더 많이 어떤 때는 더 적게 이탈할 것이다. 그러다 보면 지구가 얻는 태양에너지도 들쭉날쭉해질 것이다. 물론 이런 변화가 그 자체로 많은 영향을 미칠 수는 없다. 전체적으로 보면 지구의 공전궤도가 매우 안정되어 있을 테니 말이다. 하지만 변화의 강도가 높아지면 일종의 피드백 효과가 나타나게 되고 그러면 지구는 훨씬 덥거나 추워지게 될 것이다. 빙하기(그리고 고온기)가 나타나고, 전 지구의 기후가 변할 것이다. 이렇듯 지구의 운동이 기후에 미치는 영향을 20세기 초 이를 정확히 연구했던 세르비아의 지구물리학자 밀루틴 밀란코비치Milutin Milankovic의 이름을 따서 '밀란코비치 순환'이라고 부른다.

물론 우리는 천체역학만이 글로벌한 기후 변동의 원인은 아니라는 걸 알고 있다. 화산 폭발과 같은 지질학적인 현상 외에 인간의 활동도 전 지구적 기후 변화에 막대한 영향을 미치고 있다. 게다가 밀란코비치 순환이야 1만 년에서 10만 년에 걸쳐 서서히 진행되지만, 인간의 활동은 훨씬 더 빠르게 지구에 영향을 주고 있지 않은가. 온실가스 배출이 늘면서 대기 중의 이산화탄소 농도는 지난 150년간 45퍼센트나 상승했다. 그로 말미암아 천체역학 과정이 빚어내는 것과는 비교할 수 없게 지구 온난화가 빠르게 진행되고 있다. 우리는 이 문제를 시급하게 해결해야 할 것이고, 처녀자리 농경의 여신은 이 문제에 도움을 주지 못할 것이다.

펠리스
하늘에서 쫓겨난 고양이

한 천문학자의 고양이에 대한 애정

펠리스는 고양이자리에서 가장 밝게 빛나는 별이다. 하지만 사실 고양이자리는 현존하지 않는다. 하늘에 개는 많다. '큰개자리'도 있고 '작은개자리'도 있으며, '사냥개자리'도 있고, 개의 친척인 '이리자리'도 있다. 그러나 집고양이는 별들의 동물원에 없다.

1799년 하늘 지도에 몇몇 별을 기입하던 프랑스의 천문학자 제롬 랄랑드Jerôme Lalande는 이 사실이 자못 못마땅했던 듯하다. 그리하여 그는 물뱀자리와 공기펌프자리 사이에 새로운 별자리를 만들었다. "나는 고양이를 무척 좋아한다. 하늘 지도에 비어 있는 자리가 자못 커서, 그 자리에 이 별자리를 집어넣었다. …별과 하늘이 평생 나를 많이 힘들게 했으니, 이 정도 즐거움을 누려도 되겠지." 랄랑드는 자신이 고양이 별자리를 도입한 이유를 그렇게 밝혔다. 클로드 앙투안 기요-드셰르비에의 〈고양이에 대한 시Poeme du Chat〉가 그에게 별자리를 만들도록 영감을 주었다고 했다. 그러고는 독일의 천문학자 요한 엘러르트 보데Johann Elert Bode에게 하늘 지도에 고양이를 포함시켜줄 것을 부탁했고, 1801년 성도《우라노그라피아Uranographia》19판에 정말로 고양이자리가 추가되었다.

하나의 별로만 남은 고양이

그러나 하늘의 고양이는 별로 오래 살지 못했다. 이 별자리는 정말로 잘 눈에 띄지 않았다. 그곳의 별들은 모조리 빛이 약했다. 고양이자리의 가장 밝은 별인 펠리스는 태양으로부터 530광년 떨어져 있는데, 오렌지색 거성임에도 불구하고 아주아주 깜깜한 밤하늘에서만 육안으로 볼 수 있다.

보데가 자신의 성도에 처음으로 공개한 이래 유럽의 다른 여러 성도들도 고양이자리를 받아들였다(중간에는 '토끼'로 잘못 표기되기도 했다). 그렇게 1888년까지는 고양이자리를 나타낸 천구의와 성도 들이 있었다. 하지만 미국에서는 고양이자리를 수용하기를 주저했기 때문에 그곳에서 발간된 자료에는 랄랑드의 고양이자리를 찾아볼 수 없었다.

그러다가 1928년 국제천문연맹이 별자리를 정리해 공식적으로 88개로 확정 지었을 때 고양이자리는 포함되지 못했다. 학자들은 랄랑드가 제안한 별자리가 너무 옛날 것이라 판단했고, 결국 새로운 별자리 목록에 포함시키지 않은 것이다. 그리하여 현재 별자리에는 용이나 페가수스, 봉황 같은 우화적인 존재를 포함하여 42마리의 동물이 등장하는데, 고양이는 없다. 고양이자리가 있었던 곳에 물뱀자리와 공기펌프자리, 나침반자리만이 있을 뿐이다.

고양이 애호가들은 '사자자리', '작은사자자리', '살쾡이자리'로 만족해야 할 것이다. 한 가지 기쁜 소식은 2018년 국제천문연맹은 별목록상 HD 85951이었던 별에 공식적으로 '펠리스Felis (라틴어로 고양이

라는 뜻)’라는 명칭을 부여했다는 것이다. 따라서 지금은 더 이상 존재
하지 않는 고양이자리의 가장 밝은 별이 그나마 한때 존재했던 하늘
의 고양이와 그의 짧은 천문학 커리어를 환기해주고 있을 뿐이다.

WASP-12
젖은 어둠

물을 갖고 있는 어두운 가스 행성

WASP-12는 마차부자리에 있는 태양과 비슷한 별이다. 육안으로는 보이지 않는데, 2008년 영국의 외계 행성 탐색 프로그램인 WASP Wide Angle Search for Planet 에서 망원경을 이 별에 조준한 덕분에 그 주변을 도는 행성을 찾아냈다. WASP-12b라는 이름을 부여받은 이 행성은 태양계에서 가장 큰 행성인 목성보다 약간 더 무겁고 크기는 그 두 배에 이른다.

이 외계 행성은 깜깜한 세계다. 자신에게 쏟아지는 빛의 94퍼센트를 흡수하기 때문에 아스팔트보다 더 검은 색깔이다. 그런데 2013년 허블 우주 망원경이 이 행성의 대기에서 수증기가 있음을 말해주었다.

물론 그곳에 진짜로 아스팔트가 있는 건 아니다. 도로도 없을 것이며, 있지도 않은 도로에 비가 내리지도 않을 것이다. WASP-12b는 절대적으로 생명이 살 수 없는 환경이다. 딱딱한 표면이 없는 커다란 가스 행성이기 때문이다. 게다가 자신의 별에 너무나 가까이 붙어 있어서, 온도가 섭씨 2000도가 넘는다.

이렇게 크고, 별에 아주 가깝다 보니 다른 데서 볼 수 없는 현상이 일어난다. 행성 자체는 망원경으로도 보이지 않는다. 당연히 옆에서 별이 내뿜는 빛에 가려버리기 때문이다. 하지만 이 행성이 우리가 보기에 자신의 별 바로 앞을 통과할 때면, 약간의 별빛이 행성의 대기를 통과하며 우리에게 도달하게 된다. 그때 빛의 일부가 WASP-12b의 외부 가스층에 흡수된다. 알다시피 모든 화학 원소는 아주 특수한 방식으로 이 일을 한다. 그래서 우리에게 도달한 빛을 분석하면 WASP-12b의 대기에 어떤 원자와 분자가 있는지를 알 수 있다.

생명 친화적 행성

WASP-12b에는 무엇보다 물이 있었다. 하지만 그렇다고 이것이 생명의 존재를 암시해주는 것은 전혀 아니다. 수소와 산소는 우주에 아주 흔한 원소들이다. 그리고 이 둘은 조건이 맞으면 물 분자로 결합할 수 있다. 별들 사이 커다란 성간구름 속에도, WASP-12b 같은 외계 행성에도 물이 있을 수 있는 것이었다. 물론 WASP-12b에서 물은 가스 형태로, 즉 수증기로 존재한다. 뜨거운 가스 행성이니 그럴 수밖에 없다.

따라서 어느 행성 대기 속에 수증기가 있다고 하여 그것이 생명이 있다는 표시는 될 수 없다. 하지만 어딘가에 순수 산소가 검출된다면 이야기는 달라진다. 산소는 보통 아주 빠르게 다른 원소들과 결합하기 때문에 순수 산소 형태로 머무르기 힘들다. 산소가 지구 대기의 21퍼센트를 차지하고 있는 건 지구에 식물들이 많아 신진대사 과정에서 계속 산소를 생산하고 있기 때문이다. 그러므로 지구에 생명이 없어지면 대기 중의 산소도 빠르게 바닥날 것이다. 산소와 메탄처럼 생명의 존재를 뚜렷이 암시하는 몇몇 분자들이 있다. 그러므로 어떤 행성이 그런 '생명의 표지'를 가지고 있고, 가스 행성이 아니며, 자신의 별에 너무 가깝지도 않고, 지구와 비슷한 환경이라면, 그 행성이 생명 친화적일 뿐만 아니라 실제로 생명이 존재할 가능성이 높다고 하겠다.

그러나 현재 우리의 망원경으로 그런 행성을 찾는 건 역부족이다. 지금으로서는 WASP-12b와 같은 크고 뜨거운 행성들이나 가까스로 찾아낼 수 있을 뿐이다. 그러나 몇 년이 지나 차세대 거대 망원경들이 관측을 시작하면, 다른 별들에 속한 생명 친화적인 행성을 본격적으로 탐색할 수 있을 전망이다.

86

ULAS J1342+0928
그 시절의 빛

우주의 암흑시대에 대한 단서

ULAS J1342+0928의 빛은 지구에 도달하는 데 131억 년이 걸렸다. 이런 복잡한 이름을 가진 천체는 '퀘이사'라고 불리며, 별과는 전혀 다르다. 처음 퀘이사를 관측했을 때 학자들은 이것이 어떤 종류의 천체인지 제대로 파악하지 못했다. 별처럼 보이는데, 별일 수는 없는 천체. 그리하여 이들은 이런 새로 발견한 천체를 우선 '준항성상 천체Quasi stellar object', 줄여서 '퀘이사Quasar'라 불렀다.

퀘이사가 처음 발견된 것은 1960년대 전파천문학을 통해서였다. 별과 은하, 다른 천체들처럼 퀘이사도 에너지를 방출하지만 별, 은하, 다른 천체들이 가시광선 형태의 에너지를 방출하는 반면, 퀘이사는 전자기 스펙트럼의 다른 영역, 즉 전파 형태의 에너지를 방출한다. 전파 역시 빛이지만 파장이 커서 우리 눈으로 직접 감지하지는 못한다.

그러나 전파망원경으로 하늘에 있는 많은 전파원을 관측할 수 있었으니, 아주 강한 빛의 점광원點光源들이었다. 하지만 이렇게 전파를 방출하는 특이한 천체가 무엇인지 일반 망원경으로는 확인이 되지 않았다. 일반적으로 은하는 전파를 방출한다. 그러나 이 경우는 일반

망원경으로 도저히 은하 같은 것이 보이지 않았다. 마치 은하에 속하지 않은 전파원인 것처럼 보였다. 골머리를 싸맨 결과 학자들은 이런 기묘한 현상을 거리로 설명했다. 해당 천체가 너무나 멀리 있어서 전파원이 우리에게 오는 데 몇십억 년이 소요되므로, 전통적인 수단으로는 그 광원을 관측할 수 없다는 것이다.

전파망원경이 발견한 것이 무엇인지는 비로소 나중에야 밝혀졌다. 퀘이사는 아주아주 먼 은하의 밝게 빛나는 중심, 즉 은하핵이다. 그리고 퀘이사가 방출하는 전파의 대부분은 그곳에 위치한 초대질량 블랙홀에서 나오는 것이다.

모든 커다란 은하의 중심에는 우리 태양보다 몇백만에서 몇십억 배 질량이 큰 블랙홀이 있다. 그런데 이 블랙홀 근처에 성간가스와 같은 물질이 존재하면, 그 물질이 이 블랙홀로 빨려 들어간다. 그 과정에서 엄청난 가속이 붙은 물질은 뜨거워지면서 에너지를 방출한다. 무엇보다 전파 형태로 말이다. 우리은하와 같은 은하는 상당히 오래되어서, 이곳에는 중심부에 블랙홀로 먹힐 만한 물질이 그리 많이 남아 있지 않다. 그러나 젊은 은하는 아직 가스 구름으로 가득하여, 중심부의 블랙홀이 무척이나 밝게 빛날 수 있다.

먼 우주를 볼 때 바로 이런 젊은 은하를 만날 수 있다. 아주 먼 은하의 빛은 우리에게까지 도달하는 데 오랜 시간이 걸리기 때문이다. 빛이 먼 길을 달려올수록 우리는 더 먼 과거를 보는 셈이다. ULAS J1342+0928과 같은 은하는 우리가 지금까지 본 은하 중 가장 젊은 은하에 속한다. 2017년 이 퀘이사가 발견되었을 때, 이것은 기존에 발견한 퀘이사 중 가장 멀리 있는 천체였다. 그의 초대질량 블랙홀 주변의 빛이 우리에게로 출발한 시점은 빅뱅이 있은 지 불과 6억 9000만 년밖에 지나지 않은 때였다. 그러므로 이런 퀘이사 연구는 우주의 어린 시절, 무엇보다 '우주의 암흑시대'라 불리는 기간에 대해 더 많은 것을 규명할 수 있는 유일한 기회가 되어준다.

암흑시대 종말 과정

탄생 직후의 젊은 우주는 완전한 원자가 존재할 수 있기에는 너무나도 뜨거웠다. 원자껍질을 이루어야 할 전자들이 고온으로 말미암아 너무나 빠르게 운동해서 원자핵과 결합하지 못했다. 그리하여 빅뱅 후 38만 년이 지나 우주가 어느 정도 식은 다음에야 비로소 원자가 생겨날 수 있었다. 그리고 이 시점부터 비로소 빛이 방해받지 않고 우주에 확산될 수 있었다. 그전에는 곳곳에서 빠르게 질주하는 전자로 인해 빛이 계속 굴절을 거듭했던 것이다.

당시 모든 방향으로 확산되었던 복사선을 오늘날에도 '우주배경복사'로 관측할 수 있다. 이것은 오랜 세월 동안 우주의 유일한 빛으로 남아 있었다. 그도 그럴 것이 빅뱅 후 38만 년 뒤 우주는 '암흑시대'로 접어들었기 때문이다. 빛의 확산을 방해하는 것은 더 이상 없었다. 그러나 새로운 빛을 만들어낼 만한 것은 아무것도 없었다. 별들은 아직 존재하지 않았다. 그들은 원자로 가득한 거대한 가스 구름으로부터 비로소 생겨날 수 있었다.

별과 은하가 생성되기까지는 몇억 년이 더 소요되었다. 그리고 별과 은하가 내뿜는 복사선은 원자의 일부를 다시 이온화했다. 원자 껍질로부터 또다시 전자의 일부를 이탈시킨 것이다. 하지만 이제 우주는 새로운 빛이 투과할 수 있을 만큼 충분히 커졌다. 이런 시기를 '재再이온화 시대'라 부른다. 이 시기는 암흑시대의 종말이었다. 그것이 정확히 어떻게 진행되었는지 우리는 아직 모른다. 그러나 ULAS J1342+0928와 같은 은하의 복사선은 정확히 이 시기로부터 온 것이고, 우주의 암흑시대에 대한 우리의 지식에 약간의 빛을 던져줄 전망이다.

87

샌덜릭 -69도 202
긴 기다림의 끝

이웃 별의 폭발

1987년 2월 24일 긴 기다림이 드디어 끝났다. 칠레의 라스 캄파나스 천문대의 망원경이, 망원경 발명 이래로 그때껏 관측하지 못했던 것을 드디어 찾아낸 것이다. 바로 우리 이웃에서 일어난 초신성 폭발이었다.

그 전까지 마지막으로 관측된 초신성 폭발은 1604년이었다. 당시 요하네스 케플러를 비롯한 천문학자들은 갑자기 아무것도 없던 하늘에서 등장하여 굉장히 밝게 타오르는 별을 육안으로 볼 수 있었다. 그 뒤로 별이 어마어마한 빛을 발하며 생애를 마치는 모습을 다시 관측하기까지 거의 400년가량 걸린 것이다. 무엇보다 20세기에 이것은 과학계의 인내심을 요하는 일이었다. 그도 그럴 것이 이제 학자들은 그런 사건이 무엇을 의미하는지 정확히 알고 있었을 뿐 아니라, 그것을 상세히 연구하기 위한 장비까지 구비하고 있었기 때문이다. 다른 은하들에서 일어나는 초신성 폭발은 언제라도 관측할 수 있었다. 초신성 폭발이 먼 거리를 뛰어넘어서 보일 만큼 밝기 때문이다. 하지만 상세한 연구를 하기 위해서는 우리은하에서 일어나는 초신성 폭발을 관측해야만 했다.

1987년에 폭발한 별은 이 여건을 거의 충족시켰다. 우리은하의 위성 은하인 대마젤란은하에 속한 별로, 우리와 약 17만 광년밖에 안 떨어져 있던 것이다.

다만 그곳에서 어떤 별이 그렇게 요란하게 폭발함으로써 생애를 마쳤는지, 학자들은 처음에 분명히 알지 못했다. 그 답은 루마니아 태생의 천문학자 니컬러스 샌덜릭Nicholas Sanduleak이 1970년에 발간했던 항성 목록에서 찾을 수 있었다. 그 목록에 수록된 1275개의 별 중 '-69도 202'라는 이름이 붙은 별이 바로 주인공이었다. 그간 그 누구의 주목도 받지 못한 채 눈에 띄지 않게 남아 있던 별이었다. 그런데 학자들은 바로 이 별이 사라져버렸음을 확인했다. 아이러니하게도 '샌덜릭 -69도 202'는 더 이상 존재하지 않게 된 시점에 갑작스럽게 유명세를 타게 된 것이다.

빛보다 먼저 찾아온 중성미자

고온의 커다란 거성이 눈에 띄지 않게 연명하던 그 자리에는 이제 가스와 먼지로 이루어진 몇 개의 고리만이 남아 있을 따름이었다. 그것은 샌덜릭이 생애를 마치기 몇만 년 전에 우주로 내뿜은 별 대기의 흔적이었다. 전에 거의 보이지 않던 이런 고리들이 초신성 폭발 때 방출된 복사선에 의해 데워져 빛을 내고 있었다. 4년 뒤 파괴된 별의 파편들이 이런 먼지 고리와 충돌하는 모습도 관측되었다.

그런데 더 흥미로운 것은 초신성 폭발을 발견하기 직전 몇 시간에 걸쳐 관찰된 현상이었다. 지구의 서로 다른 장소에 위치한, 세 대의 입자검출기가 이 시간에 갑자기 중성미자 검출량이 증가했음을 보여준 것이다. 극도로 가볍고 운동이 빠른 이 소립자는 무엇보다 별 내부에서 일어나는 핵반응에 의해 만들어진다. 그리고 초신성 폭발에서는 특히나 많이 만들어진다. 중성미자는 다른 물질과 거의 상호 작용을 하지 않는다. 그리하여 폭발 직후 샌덜릭의 중심부에서 튀어나온 중성미자들은 아무런 방해도 받지 않고 우주로 내뿜어졌다. 반면 이 폭발에서 나온 여느 빛은 별의 다른 물질들 사이를 투과하면서 계속해서 굴절되었다. 그래서 빛은 중성미자보다 한걸음 늦게 그별을 떠나게 되었고, 지구까지 오는 길에서도 중성미자를 더 이상 추월할 수 없었다. 그도 그럴 것이 중성미자 역시 거의 광속으로 운동하기 때문이다.

망원경의 상세한 데이터를 분석하고 중성미자를 관찰함으로 말미암아 초신성에 대한 기존 모델을 더 개선하고 확장할 수 있었다. 하지만 여전히 우리은하 내부에서 일어나는 초신성 폭발이 필요하다. 우리는 이미 은하 내부의 초신성 폭발 사건을 한 번 놓친 바 있다. 1890년에서 1908년 사이에 약 2만 7000광년 거리에 있는 궁수자리의 별 하나가 폭발한 적이 있었다. 하지만 인류는 그러한 사실을 전혀 알지 못했다. 그곳에 우주 먼지 및 가스 구름이 많아서 시야를 가렸었기 때문이다. 1984년에야 비로소 이런 초신성의 흔적을 발견할수 있었다.

따라서 우리는 더 기다려야 한다. 우리은하에서는 100년에 한두개의 별이 폭발한다고 한다. 어느 순간 또 그런 일이 일어날 것이다.

그러면 우리는 그것을 관측하기 위해 우리가 있는 자리를 최적으로 이용할 수 있을 것이다.

88

3C 58
쿼크로 가득한 별

붕괴를 거듭하다 보면

1181년 8월 6일에 하늘에 '가스별'이 떴다. 중국 천문학자들은 전에는 볼 수 없었던 이 별에 '가스별'이라는 귀여운 이름을 지어주었다. 오늘날 우리는 이런 별을 '초신성'이라 부르며, 이것이 크고 나이 든 별이 생을 마칠 때 폭발하면서 몇 달간 굉장히 밝게 빛나는 현상임을 알고 있다.

유감스럽게도 12세기의 이런 초신성에 대한 관측 기록은 별로 남아 있지 않다. 그런데 우리가 아는 바에 따르면, 거의 1000년 전 일본과 중국의 천문학자들이 '쿼크별'의 탄생을 관측한 것일 수도 있다. '쿼크'는 물질의 가장 기본이 되는 입자를 일컫는 말이다.

우리는 질량이 충분히 큰 별의 경우 생애의 마지막에 '중성자별'로 붕괴한다는 것을 알고 있다. 그런 별은 자신의 중력으로 말미암아 매우 강하게 짓눌린다. 전기적으로 음성을 띠는 전자와 양성을 띠는 양성자가 물질의 원자를 이루는데, 전자와 양성자가 강하게 눌리다 보면 전기적으로 중성을 띠는 중성자가 생겨나, 이것이 높은 밀도로 죽은 별의 전체 질량을 이루게 된다.

중성자는 '쿼크'라는 기본 입자로 구성되는데, 중성자 하나를 이루기 위해서는 세 개의 쿼크가 필요하다. 두 개의 '다운 쿼크'와 한 개의 '업 쿼크'가 그것이다. 일반적인 조건에서는 중성자(또는 쿼크로 구성된 다른 입자)가 쿼크로 쪼개지는 것은 불가능한 일이다. 쿼크를 결합하는 힘은 특이한 성격을 가지고 있어, 두 쿼크가 서로 멀어진다 해도 그 힘이 약해지지 않기 때문이다. 그러므로 중성자를 쿼크로 쪼개려면 어마어마한 에너지를 동원해야 한다. 하지만 이 과정에서 다시금 새로운 쿼크들이 생겨날 것이다. 아인슈타인 덕분에 우리는 질량과 에너지는 서로 변환될 수 있음을 알고 있다. 그러므로 중성자 속에 들어가는 에너지로 말미암아 새로 탄생하는 쿼크들은 중성자로부터 분리된 쿼크들과 곧장 결합하여 새로운 중성자 및 다른 입자들을 이루게 될 것이다.

따라서 쿼크들은 자유로운 입자로 존재하지 않는다. 중성자별의 내부와 같은 그런 극단적인 조건이 지배하지 않는 이상은 말이다. 그렇다. 중성자별의 질량이 충분히 크면 중성자들은 아주 강하게 짓눌려서 쿼크로 분리될 수 있다. 그런 다음에도 계속해서 붕괴하다 보면 '쿼크별'이 되는 것있다.

중성자별과 블랙홀 사이

하지만 정말로 쿼크별이 있는지는 불확실하다. 현재 우리는 질량이 매우 큰 중성자별은 계속 붕괴하여 블랙홀이 된다고 보고 있다. 그러므로 '쿼크 물질'이 정말로 존재할 수 있으려면 특정 종류의 별이 있어야 할 것이다.

우선, 죽어가는 별이 중성자별 이상으로 압축될 수 있을 만큼 커야 한다. 그러나 다른 한편으로는 블랙홀로 완전히 붕괴해버리지 않을 만큼 질량이 작아야 한다. 이런 쿼크별은 언뜻 보기에는 중성자별과 많이 달라 보이지 않아 쿼크별임을 확인하기가 힘들 것이다. 그럼에도 1181년 폭발하고 남은 별은 쿼크별일지도 모른다.

당시 카시오페이아자리의 '가스별'이 관측된 영역에서 오늘날 3C 58이라는 명칭의 중성자별을 볼 수 있다. 이것이 정말로 12세기에 폭발한 초신성의 잔해인지 완전히 확실하지는 않다. 하지만 이 별은 상당히 흥미롭다. 보통의 중성자별보다 확연히 온도가 낮아서 쿼크별이 갖추고 있을 거라고 생각되는 여건을 상당히 충족시키고 있기 때문이다. 물론 이것만으로는 이 별이 쿼크별이라고 단정 지을 수 없다. 하지만 이 별이 우주의 놀라운 비밀을 내포하고 있음은 분명해 보인다.

CoRoT-7
슈퍼지구의 별

지구보다 큰 암석 행성

슈퍼지구가 별 CoRoT-7을 돌고 있다. '슈퍼지구'라는 말 때문에 뭔가 지구보다 더 낫게 들리는가? 하지만 이 행성은 '보통의' 지구보다 별로 나은 게 없다. 그곳의 기온은 약 섭씨 1000도가량 된다. 그리고 그곳에 비가 내리면 하늘에서 물방울 대신 돌이 쏟아진다(고온으로 인해 표면 암석의 일부가 기화되었다가, 나중에 대기 중에서 식어 굳어져서 비가 되어 내린다). 천문학에서 '슈퍼지구'라는 표현은 우리 태양계에는 존재하지 않는 천체를 일컫는 말이다.

우리 태양이 거느린 여덟 개의 행성은 두 부류로 나눌 수 있다. 안쪽의 네 행성, 수성, 금성, 지구, 화성은 금속으로 된 핵을 가진 암석 행성으로 딱딱한 표면을 가지고 있다. 반면 바깥쪽 행성들인 목성, 토성, 천왕성, 해왕성은 커다란 '가스 행성'들이다. 이들은 거의 수소와 헬륨으로 이루어져 있으며 딱딱한 표면이 없다. 그중 가장 작은 천왕성이 지구 질량의 15배다. 그나마 '지구형 행성terrestrial planet'—암석으로 이루어져 표면이 딱딱한 행성—중에서는 지구가 가장 질량이 큰데도 말이다.

우리 태양계에 그 중간쯤 되는 천체는 없다. 그러나 다른 별이 거느린 행성 중에는 지구처럼 암석 행성이면서도 지구보다 훨씬 크고 무거운 행성도 있다. 바로 별 CoRoT-7이 그런 행성을 거느리고 있다. 2009년 프랑스의 우주 망원경 COROT가 발견한 이 별은 외뿔소자리에 있는 태양과 비슷한 별로, 그 밝기의 변화로 행성의 존재를 암시하고 있었다. 우리 쪽에서 볼 때 행성이 별 바로 앞을 지나칠 때마다 별은 약간씩 어두워지는데, CoRoT-7의 경우 20시간을 주기로 그렇게 되었다. 즉 이 행성이 자신의 별을 한 바퀴 공전하는 데 하루도 걸리지 않는 것이다. 별과의 거리가 엄청나게 가까울 때만 그렇게 빨리 공전할 수 있으므로, 행성 표면 온도가 높은 것도 이해가 가는 일이다.

이 행성은 크기가 지구의 1.7배인데, 질량은 지구의 거의 다섯 배에 이른다. 지구보다 밀도가 훨씬 높다는 뜻이다. 철로 된 커다란 핵이 있고, 밀도 높은 두꺼운 암석층이 그 핵을 두르고 있는 것으로 보인다. 지구형 행성이지만 지구보다 더 크고 무거운 천체를 '슈퍼지구'라고 부른다. 이런 슈퍼지구는 그동안 많이 발견되었다.

태양계는 행성계의 전형이 아니다

다른 항성계에서는 슈퍼지구가 많이 발견되는데, 우리 태양계에는 이런 행성이 없는 이유가 무엇일까? 그것은 아직 밝혀지지 않았다. 슈퍼지구가 생명체가 거주하기에 적절한지도 아직 알려지지 않았다. 지금까지의 연구에 따르면 슈퍼지구는 지구보다 더 지질 활동이 활발할 것으로 보인다. 게다가 질량이 커서 중력도 더 강하므로, 더 밀도 높은 대기층을 가지고 있을 것이다. 이런 짙은 대기층은 우주 방사선으로부터 표면과 그곳에 거주하는 생명체를 더 잘 보호해줄 수 있다. 그리고 심한 강도의 지진과 화산 폭발은 그곳에 거주하는 생명체에게 별로 도움이 되지 않지만, 행성의 판구조 운동 자체는 생명 친화적인 기후에 꽤 도움이 된다. 대륙이 서서히 이동하는 동시에 암석이 재순환하면서 이산화탄소의 농도를 조절해주는데, 암석 속에 이산화탄소가 많이 녹아들 수 있기 때문이다. 따라서 슈퍼지구는 지구보다 더 생명 친화적인 행성일 수도 있다. 최소한 CoRoT-7의 행성처럼 별에 너무 가까이 붙어 있지 않다면 말이다.

슈퍼지구를 정말로 이해할 수 있기 위해서는 더 자세히 연구해야 할 것이다. 슈퍼지구들 덕분에 우리는 어쨌든 태양계가 전형적인 행성계는 아님을 알게 되었다. 우주를 들여다보면 다른 별의 행성은 우리가 아는 행성과 전혀 다를 수 있음을 알 수 있다. 외계 행성들에 대한 이런저런 상상들의 진실을 규명하는 일은 천문학의 커다란 과제로 남아 있다.

백조자리 X-1
어둠을 에워싼 빛

주위를 밝히는 블랙홀

백조자리에는 블랙홀이 있고 밝게 빛난다. 더 정확히 말하면, 블랙홀에 의해 주변이 밝게 빛난다. 블랙홀이 '블랙'인 것은 그곳으로부터 빛도 빠져나올 수 없기 때문이다. 이것은 단순히 블랙홀의 큰 질량 때문은 아니다. 백조자리 X-1은 태양 질량의 15배밖에 되지 않고, 사실 우주에는 그보다 훨씬 더 무거운 별도 많다. 블랙홀은 질량이 클 뿐 아니라, 그 커다란 질량이 아주 작은 공간에 집중될 때 생겨난다. 그리고 이런 일은 별들이 죽음을 맞이할 때 일어날 수 있다.

어느 별에서 핵융합에 사용되는 연료가 바닥이 나면 별은 자신의 무게를 못 이기고 붕괴한다. 이때 붕괴를 제어할 수 있는 여러 힘에 의해 붕괴가 멈추면 별은 백색왜성이나 중성자별로서 생애를 마치게 된다. 하지만 붕괴하는 별의 질량이 너무나 큰 경우에는 제어하는 힘이 충분하지 않게 되고, 결국 별의 물질들은 자신의 중력의 압박을 견디지 못하고 붕괴하고 만다. 그리하여 점점 작아지고 물질이 점점 밀도 높게 뭉친다. 이것이 아주 질량이 큰 별들의 운명이다. 그런 별은 블랙홀이 되며, 블랙홀은 검다. 블랙홀이 '사건의 지평선'을 가지고 있기 때문이다.

돌아올 수 없는 강, 사건의 지평선

어떤 무거운 천체의 주변으로부터 멀어지기 위해서는 그 천체의 중력을 상쇄할 만한 충분한 빠르기가 필요하다. 이를 '탈출속도'라고 하는데, 지구의 경우 인력을 뿌리치고 탈출하려면 초속 11킬로미터로 움직여야 한다. 어떤 것이든 그보다 더 느린 속도로 지구에서 멀어지려 한다면 어느 순간에 다시금 지표면으로 떨어지게 된다. 중력이 강할수록 탈출속도도 더 빨라야 한다. 태양 표면으로부터의 탈출속도는 초속 617킬로미터에 달한다. 천체의 중력은 그 천체의 질량이 클수록 더 커지고, 그 질량에 다가갈수록 더 커진다. 다만 태양이 꽤 크기 때문에 느낄 수 있는 인력에 상한선이 생긴다. 태양에 최대한 가까이 간다 해도 태양의 지름이 140만 킬로미터 정도는 되기 때문이다.

만약 태양이 더 작은 구로 압축되면, 전체 질량에 더 많이 다가갈수 있고, 질량의 인력도 더 강하게 느낄 수 있기에, 탈출속도도 그만큼 증가한다. 태양이 지름 6킬로미터의 구로 압축된다면, 태양 표면을 벗어나는 데 필요한 탈출속도는 광속을 넘어서게 될 것이다. 하지만 광속보다 더 빠르게 운동하는 것은 불가능하므로, 장기적으로 태양의 중력에서 벗어나는 것도 불가능하다. 그러면 태양은 블랙홀이 되며, '사건의 지평선'이라는 경계를 넘어가면 블랙홀의 중력을 벗어나 귀환하는 것이 불가능해진다.

우리의 태양은 저절로 블랙홀로 붕괴하기에는 질량이 너무 작다. 그러나 다른 별들은 생애의 마지막에 블랙홀로 붕괴할 수 있고, 백조자리 X-1은 바로 그런 경우다. 그럼에도 우리가 백조자리 X-1이 있는 곳에서 무엇인가를 볼 수 있다면, 그곳에 블랙홀만 존재하는 건 아니기 때문이다. 얼마 안 되는 거리에서 커다란 별이 백조자리 X-1을 돌고 있는데, 이 별은 아주 뜨겁고 불안정한 거성이기에 계속해서 물질을 우주로 방출한다. 이때 블랙홀 방향으로 방출된 물질은 사건의 지평선 뒤로 사라지는데, 아무 표시 없이 그렇게 되지는 않는다. 어마어마한 속도로 나선형을 그리며 블랙홀을 향해 나아가는 과정에서 달궈져 빛을 발하기 시작하는 것이다. 매우 밝은 빛이지만 우리 눈에는 보이지 않는 X선과 자외선이다.

특수한 망원경이 백조자리 X-1에서 이런 광선이 나오고 있음을 증명했고, 관측 결과 이런 빛이 물질이 사건의 지평선 너머로 사라지는 순간에 중단되는 것으로 나타났다. 백조자리 X-1은 우리가 그 존재를 확실히 증명할 수 있는 첫 번째 블랙홀이었다. 하지만 우리에겐 전혀 위험하지 않다. 사건의 지평선에 가까이 다가가지 않는 한 블랙홀은 무해하다. 그러므로 6100광년 떨어져 있는 백조자리 X-1은 충분한 안전거리에 놓인 매력적인 연구 대상이다.

⑨1

초록 별
초록 별을 볼 수 없는 이유

노란 별, 파란 별, 붉은 별

아동문학《초록 별에서 온 슐룹 *Schlupp vom grünen stern* 》에 등장하는 주인공 슐룹의 고향은 초록 별이다. 슐룹은 쓰레기 행성으로 향하던 중 잘못해서 지구에 도착하여 여러 재미있는 일을 겪는다. 하지만 이런 일은 현실에서는 있을 수 없다. 우주 어디를 눈 씻고 찾아봐도 '초록 별'은 존재하지 않기 때문이다.

우리는 하늘에서 노란 별을 볼 수 있다. 파란 별과 붉은 별도 볼 수 있다. 조건이 맞고, 시력이 좋다면 말이다. 그 외의 별들은 그냥 하얀 빛을 내는 것으로밖에 보이지 않는다. 초록 별은 지금까지 그 어디에서도 관측된 바가 없다. 그도 그럴 것이, 초록 별은 어쩔 수 없이 희게 보이기 때문이다. 그리고 그것은 별이 흑체이기 때문이다.

말이 안 되는 것처럼 들릴 수도 있지만, 이것은 천문학적 사실이다. 흑체는, 자신에게 도착하는 모든 광선을 완전히 흡수해버리기에 그가 방출하는 복사에너지가(가령 표면이나 그 밖의 특성과 무관하게) 정확히 온도에만 좌우되는 물체를 말한다. 현실에는 정확히 흑체라 할 수 있는 것이 없기 때문에 이론적인 개념이긴 하지만, 보통 천문학에서는 별을 흑체로 간주한다.

별은 늘 여러 색깔의 빛으로 된 복사에너지를 방출한다. 붉게 빛나는 별도 늘 파란빛, 노란빛, 또는 초록빛을 방출한다. 파란 별도 마찬가지다. 별빛이 파랗게, 붉게, 노랗게 보이는 차이는 별이 어떤 복사선을 최대로 방출하느냐에 달렸다. 파란 별은 붉은 별보다 더 뜨겁다. 그리하여 스펙트럼상 파란 구간에 해당하는 파장의 빛을 가장 많이 방출한다. 반면 온도가 낮은 별은 붉은 파장의 빛을 주로 방출한다.

우리는 볼 수 없는 별의 초록빛

파란 별보다는 더 온도가 낮고, 붉은 별보다는 더 뜨거운 우리의 태양과 같은 별들은 초록 파장의 빛을 최대로 방출한다. 그럼에도 태양이 초록색으로 보이지 않고 노르스름하고 하야스름하게 보이는 것은 우리 눈 때문이다. 우리 눈에는 파란빛, 초록빛, 붉은빛을 구분해서 보는 광 수용체가 있기는 하지만, 광 감도는 약간 중첩된다. 그리고 태양으로부터는 여러 색깔의 빛이 우리에게 온다. 초록빛이 아주 많이 오지만 붉은빛, 노란빛, 파란빛도 온다. 모든 색의 빛이 우리 눈에 도착하면, 수용체는 각각의 빛을 충분히 구분해서 보지 못한다. 따라서 우리는 여러 색의 혼합을 감지하게 되는 것이고, 결국 하얀색으로 보게 되는 것이다.

이것은 가장 많이 방출하는 파장의 빛이 붉거나 파란 영역대인 별들도 마찬가지다. 그러나 여기서 우리는 추가로 우리 눈이 감지하지 못하는 색깔이 있다는 것도 고려해야 한다. 바로 적외선이나 자외선, 또는 측정 도구로는 감지할 수 있지만 수용체가 없어서 우리 눈에는 보이지 않는 다른 영역대의 전자기파들이다. 어떤 별이 우리 눈에 파란색으로 보인다면, 그것은 그가 최대로 방출하는 파장의 빛이 태양과 같은 '초록 별'보다 자외선 영역에 더 근접해 있기 때문이다. 따라서 파란 별은 태양보다 자외선을 더 많이 방출한다. 하지만 자외선은 우리 눈의 수용체에 보이지 않으며, 이렇듯 자외선 영역에 근접한 별들의 경우 우리는 초록, 노랑, 붉은빛이 많이 섞이지 않은, 파란빛만을 주로 보게 되어 별이 전체적으로 파르스름하게 보인다. 붉은 파장의 빛을 주로 방출하는 별들은 그와 반대다. 이런 별들은 '파란 별'이나 '초록 별'보다 적외선을 훨씬 많이 방출한다. 하지만 적외선은 우리 눈에 보이지 않으므로, 우리 눈에는 초록빛, 노란빛, 파란빛이 많이 섞이지 않은 붉은빛만 보여 별이 전체적으로 불그스레하게 보인다.

즉 우리는 늘 여러 색깔이 섞인 별빛을 본다. 그리고 초록빛은 가시광선의 정확히 중간에 있기에, 초록 파장의 빛을 가장 많이 내는 별들은 주변 다른 색깔의 빛이 혼합되면서 하야스름하게 보인다. 그러므로 어느 별이 정말로 초록색으로 보이려면 그냥 초록 파장의 빛만 방출하고, 다른 색깔의 에너지는 전혀 방출하지 않아야 할 것이다. 하지만 물리학적으로 그건 불가능하다. 이것이 바로 기껏해야 어린이 책이나 인형극에 초록 별이 등장할 수 있는 이유다.

글리제 710
먼 미래의 가까운 만남

텅 빈 우주

우주에서 정말로 대부분을 차지하는 것은 바로 '무無'다. 아무것도 없는 공간이 주를 이루고, 때때로 뭔가가 있는 정도다. 가령 은하 같은 것들이 말이다. 그러나 이런 은하는 또다시 주로 '무'로 구성된다. 물론 별들도 있다. 그리고 별들은 서로 어마어마한 거리를 두고 떨어져 있다. 태양과 태양에서 가장 가까운 별인 프록시마 켄타우리까지의 거리는 4.2광년이다. 이것만으로도 이미 40조 킬로미터에 해당하는 상상할 수 없을 만큼 먼 거리다.

글리제 710은 62광년 거리에 있어, 태양에서 가까운 거리에 있는 별들의 목록에서 1000위 안에 들지 못한다. 그러나 앞으로는 달라질 것이다. 글리제 710을 하늘에서 관측하려고 하면, 아직은 좀 힘이 든다. 뱀자리 방향에 있는 이 별은 너무 빛이 약해서 기술적 도움이 없이는 관측할 수 없다. 글리제 710은 태양 크기의 3분의 2에 불과하며, 질량도 태양의 절반을 약간 웃돌까 하는 정도다.

그리하여 20세기 천문학자들이 글리제 710이 우리를 향해 오고 있음을 알아내지 못했다면, 이 별은 그냥 눈에 띄지 않는 별 중 하나였을 것이다. 하지만 그렇다고 겁낼 이유는 없다. 글리제 710이 우리에게 다가오기까지는 약 135만 년이 걸릴 예정이기 때문이다. 그리고 가까이 온다고 해도 지구나 태양과 충돌하지는 않을 것이다. 천문학적인 시각으로 태양계에 상당히 가까이 다가오기는 하지만 말이다.

어느 별이 오랜 세월 동안 어떻게 움직일지를 정확히 예측할 수는 없다. 하지만 현재 예상으로 글리제 710은 우리에게 약 1만 5000천문단위 정도로 근접할 전망이다. 이것은 약 0.2광년 혹은 2조 킬로미터다. 지구와 태양이 1천문단위에 해당하고, 태양에서 가장 먼 행성인 해왕성이 30천문단위의 거리에 있음을 생각하면 충돌을 걱정하지 않아도 될 정도로 상당히 안전한 거리다.

다가오는 별이 몰고 올 작은 천체들

따라서 글리제 710이 지구에 미치는 직접적인 영향은 많이 크지는 않을 전망이다. 그러나 먼 미래에 이 정도 가까운 거리의 만남이 드라마틱한 결과를 빚을 수도 있다. 우리의 태양계는 소행성과 혜성으로 이루어진 거대한 구름에 둘러싸여 있기 때문이다. 이를 '오르트 구름'이라고 하는데, 이런 구름은 약 10만 천문단위에 이르는 거리에까지 뻗어 있다. 글리제 710은 이런 구름을 뚫고 날아올 것이다. 평소 오르트 구름에 있는 무수한 바윗덩어리들은 그 안쪽 태양계에 있는 우리에게 거의 방해가 되지 않는다. 그들은 모두 지구에서 아주 멀리 떨어져 있으며, 계속 그 상태로 머무르기 때문이다. 다만 외적인 방해 요인으로 말미암아 몇몇이 무해한 궤도를 이탈하여 태양 쪽으로 가까이 오는 일이 있을 수 있다.

　그러므로 글리제 710의 중력이 외적 방햇거리로 작용하여 태양계의 행성들에게로 돌진하는 소행성과 혜성의 수가 늘어날 수도 있다. 그중 몇 개가 지구에 충돌할 것인가는 지금으로서는 예측이 불가능하다. 하지만 이런 먼 미래에도 아직 인간들이 있다면 그들은 소행성을 방어하기 위한 방법을 오래전에 마련해놓은 상태이지 않을까 싶다. 대신에 그들은 글리제 710을 맨눈으로 관측할 수 있을 것이다. 그 별이 화성보다 더 밝게 빛나는 모습을 말이다. 그 별은 우주가 주로 텅 비어 있다고 해도, 별들을 주시하고 있어야 한다는 걸 상기시켜줄 것이다.

GRB 080319B
우주에서 가장 커다란 폭발

인공위성이 감지한 우주의 감마선

지금까지 육안으로 관측한 천체 중 가장 먼 거리에 있는 것을 본 날은 2008년 3월 19일이었다. 관측이 가능했던 시간이 30초에 불과했지만 말이다. 당시 목자자리에서 약한 빛을 발하는 새로운 별이 나타났다. 이것은 별다른 광학기기가 없이도 분간할 수 있었다. 이 새로운 '별'의 정체는 기록상 전에는 없었던 가장 강력한 폭발 현상이었다. 이 폭발에서 방출된 빛이 우리에게까지 날아오는 데는 약 75억 년이 소요되었다. 매우 오래전에 먼 은하에서 일어난 이 사건은 '감마선 폭발'이라 불린다. 이름만 들어도 약간 겁이 나는 용어가 아닐 수 없다.

1967년 인공위성 벨라의 관측 데이터를 분석하던 사람들은 화들짝 놀랐을 것이다. 벨라는 소련, 영국, 미국이 1963년 맺은 핵실험 금지 조약을 잘 지키는지 감시하기 위해 미국이 띄운 인공위성이다. 당시 지구 대기의 방사능 농도가 우려해야 할 정도로 높아졌기 때문에 세계적으로 핵실험이 금기시되고 있었다. 그리하여 미국은 정말로 모두가 이런 조약을 잘 지키는지를 감시하고자 했다. 지상에서 원자 폭발이 일어나면 고에너지 방사선이 방출되고, 벨라의 측정기에 감지될 것이었다.

그런데 1967년 7월 2일에 바로 이런 '감마선'이 검출되었다. 더구나 아주 어마어마한 규모로 말이다. 그러나 이내 지구상에서는 아무도 핵실험 금지 조약을 위반하지 않았음이 드러났다. 폭발은 핵무기가 야기할 수 있는 것보다 훨씬 강력했다. 그리고 그것은 지구에서 일어난 것이 아니라 우주 어딘가에서 일어난 것이었다. 그 이후 '감마선 폭발'이라는 이름이 붙은 이런 사건들이 계속해서 관측되었다. 그러나 무엇이 감마선 폭발을 유발하는지는 확실히 밝혀지지 않았다. 폭발이 먼 우주에서 일어났고, 그 빛이 멀리 떨어진 은하로부터 우리에게 도달했다는 것이 확인되었을 뿐이었다.

처음에 학자들은 상당히 혼란스러워했다. 확실한 것은 먼 우주에서 뭔가가 폭발하고 있다는 것인데, 몇 초 동안의 폭발에서 방출되는 에너지가 태양이 지금까지 수십억 년 동안 방출한 것보다 더 많았기 때문이다. 천문학자들은 감마선 폭발 현상을 점점 더 많이 찾아냈고, 곧 그것을 몇 초간만 밝은 빛을 내는 것들과 30초 또는 그 이상 빛을 내는 것들 두 가지 카테고리로 나누었다. 이후 학자들은 그것이 두 가지 서로 다른 현상과 관계있음을 알게 되었다.

감마선 폭발을 유발하는 두 가지 사건

30초 이상 이어지는 감마 선 폭발을 야기하는 것은 '극초신성 Hypernova'으로 보인다. 극초신성은 초신성과 마찬가지로 커다란 별이 폭발하는 걸 일컫지만, 별의 크기가 더 크다. 그래서 그에 상응하는 어마어마한 폭발을 하게 된다. 극도로 질량이 큰 별의 내부는 생애를 마칠 때 자신의 무게로 인해 단시간에 블랙홀로 붕괴할 수 있다. 그러면 별의 바깥층은 새로 생긴 블랙홀 주변을 엄청나게 빠른 속도로 선회하게 되고, 그 가운데 엄청나게 뜨거워지면서 강한 감마선을 우주로 방출한다.

반면 몇 초로 끝나는 감마선 폭발은 중성자별 두 개가 충돌하면서 생겨난다. 중성자별은 꽤 가벼운 별들이 생애를 마칠 때 탄생하는 것으로 밀도가 어마어마하게 높다. 불과 몇 킬로미터 되지 않는 크기에 태양과 맞먹는 질량이 압축되어 있다. 이런 중성자별 두 개가 서로 충돌을 하여 블랙홀로 합쳐지기도 하는데 그 과정에서도 감마선이 방출된다.

지금까지 관찰된 감마선 폭발은 모두 머나먼 은하에서 일어난 것으로 우리에겐 전혀 위협이 되지 않았다. 3000광년 이내에서 일어나는 감마선 폭발이라야 우리에게 영향을 미칠 수 있을 것으로 보인다. 그런 거리에서 감마선 폭발이 일어나면 감마선이 태양에서 오는 해로운 자외선으로부터 우리를 보호해주는 지구의 오존층을 파괴할 수도 있다. 4억 4300만 년 전 '오르도비스기의 대멸종'도 감마선 폭발로 말미암았을 수 있다. 이 대멸종으로 인해 당시 지구에 생존하던 생물 종의 85퍼센트 이상이 사라져버렸다. 그러나 우리와 가까운 지역에서 감마선 폭발의 흔적은 아직 발견되지 않았다. 그리고 가까운 미래에 극초신성이 되어 우리에게 위험을 초래할 수 있을 만한 별 또한 우리 주변엔 없는 것으로 사료된다.

94

GW150914
중력의 빛

중력파를 관측하는 방법

'GW150914'는 별 이름이 아니고, 2015년 9월 14일 새로운 천문학의 시작을 알린 사건을 칭하는 이름이다. 바로 이날 수십 년 전부터 시도해왔던 일이 성공했다. 바로 중력파를 직접 관측하는 일이다.

중력파의 존재는 1916년 아인슈타인에 의해 예측되었다. 그 직전에 발표한 일반상대성이론은 공간의 구조에 대해 완전히 새로운 시각을 열어주었다. 일반상대성이론은 공간이 그냥 존재하는 것이 아니라, 변형될 수 있다고 말한다. 질량이 시공간을 휘게 만들며, 우리가 이런 공간의 변형을 중력으로 느낀다는 것이다. 아인슈타인에 따르면 공간 휘어짐의 변화는 광속으로만 확산될 수 있는데, 이런 휘어짐의 변화가 공간에 확산되는 것이 다름 아닌 중력파다.

중력파가 발생하기 위해서는 서로의 주위를 도는 두 천체처럼 빠르게 운동하는 질량으로 이루어진 시스템이 있어야 한다. 가령 지구가 태양 주위를 도는 동안에, 물에 던진 돌 주변으로 물결이 번져나가는 것처럼 지구로부터 계속해서 중력파가 나간다. 다만 지구의 중력파는 아주 약해서 증명할 길이 없다.

그러나 다른 모든 경우에도 이를 증명하기는 어렵다. 어떤 중력파가 지구에 도달하면, 모든 공간이 변하기 때문이다. 단순히 말해 지구는 약간 눌렸다가 다시 펴지게 된다. 하지만 지구만이 아니라 공간 자체가 그렇게 변형된다. 모든 길이가 바뀌고, 모든 거리가 바뀐다. 모든 것이 중력파의 영향을 받는다. 우리와 우리의 측정 도구가 모두 마찬가지다.

따라서 중력파를 검출하기 위해서는 특별한 탐지기를 만들어야 한다. 이를 위해 레이저 장비를 활용한다. 이 장비는 레이저 광선을 동시에 서로 다른 두 방향으로 보내는데, 이런 광선들은 어느 정도 거리를 전진한 뒤 반사되어 다시 원점으로 돌아온다. 만약 이 두 광선이 똑같은 거리를 왕복한 경우는 원점에 정확히 같은 시간에 도달해야 할 것이다. 그러나 중력파가 검출기를 통과해서 진행하고 있다면, 그렇게 되지 않는다. 그러면 공간이 한 방향으로는 눌리고 다른 방향으로는 펴지기에 이제 광선이 같은 빠르기로 진행한다 해도, 두 광선은 동시에 도달하지 않게 된다.

드디어 증명된 중력파의 존재

원리는 단순하다. 하지만 성능이 따라주는 중력파 검출기를 만드는 데 수십 년이 소요됐다. 빛이 진행하는 거리를 아주 정확히 측정해야 하고, 원자핵 지름보다 더 작은 거리 차이를 측정할 수 있을 정도로 정밀해야 했기 때문이다. 정확한 측정에 드디어 성공했을 때, 중력파는 놀랍도록 빠르게 발견되었다. 2015년 9월 초기 테스트 단계에서 찾고 있던 중력파 신호가 감지되었다. 블랙홀 두 개가 충돌하면서 방

출된 중력파였다. 블랙홀 하나는 질량이 태양의 36배였고 다른 하나
는 29배였다. 이 두 블랙홀은 가까운 거리에서 서로를 돌면서 중력
파를 발생시켰고, 이 중력파는 탐지기로 검출될 만큼 강했다.

최종적으로 충돌하기 0.2초 전 두 블랙홀이 서로를 도는 속도는
광속의 30퍼센트에서 60퍼센트 수준으로 상승했다. 존재의 이 마지
막 순간에 이 천체들은 시공간을 상당히 요동시켜서, 우리가 그 천체
들로부터 14억 광년 떨어진 거리에서도 그 시공간의 일그러짐을 측
정할 수 있었던 것이다. 이것은 중력파에 대한 최초의 증명이었다(참
여 연구진은 중력파를 검출한 공로로 2017년에 노벨상을 받았다). 그 뒤 추가로 열
번이 넘는 중력파 검출이 있었으며 앞으로도 계속 검출이 따를 것으
로 예상된다.

중력파는 완전히 새로운 방식의 연구를 가능케 만든다. 지금까지
우리가 우주에 대해 알고 있는 지식은 빛, 즉 전자기파를 매개로 얻
은 것들이다. 그런데 이제 중력을 수단으로 하여 우주를 관측할 수도
있게 되었다. 일반적인 빛으로는 보이지 않는 사건들을 '볼 수 있게'
된 것이다. 블랙홀의 행동을 연구할 수 있고, 나아가 중력파 탐지기
를 이용해 빅뱅 직후에 일어난 일들을 분석할 수 있을 지도 모른다.
'중력의 빛'과 함께 천문학의 새로운 시대가 개막된 것이다.

95

R136a1
타란툴라 성운의 괴물 별

가장 크고 가장 밝은 별

별 R136a1은 기록 보유자인 것 치고 꽤 심심한 이름을 가지고 있다. 하지만 다행히 인상적인 이름을 가진 '타란툴라 성운'에 위치해 있어, 타란툴라 성운의 괴물 별이라 불린다.

R136a1은 괴물이다. 지금까지 알려진 별 중에 가장 질량이 크고, 가장 밝게 빛나는 별이기 때문이다. 태양보다 약 1000만 배 더 밝다. 그런데도 우리에게 그리 인상적으로 보이지 않는 것은 너무나 먼 거리에 있기 때문이다. 그는 타란툴라 성운의 우주 구름과 함께, 거의 18만 광년 떨어져 있는 우리의 이웃 은하인 대마젤란은하에 위치해 있다. 만약 R136a1이 우리 태양이 있는 곳에 있었다면, 해가 뜨면 달이 안 보이듯 우리 태양의 빛을 유야무야하게 만들었을 것이다. 또한 R136a1은 태양보다 265배나 무거워 그 별이 태양계의 중심에 있었다면, 지구는 그의 어마어마한 인력으로 말미암아 그를 공전하는 데 365일이 아니라 21일밖에 걸리지 않았을 것이다.

사실 막 태어났을 때 이 별은 훨씬 더 무거웠다. 인간과는 반대로 별은 태어났을 때가 가장 몸무게가 많이 나가고 시간이 흐르면서 점차 그 무게를 잃어버린다. 중력이 강할수록 내부에 가해지는 압력이 더 크고 온도가 더 높다. 그리고 온도가 높은 별일수록, 별을 이루는 가스의 원자들이 더 빨리 운동한다. 그것은 별의 내부뿐 아니라 표면에서도 마찬가지다.

태양의 표면 온도는 약 5000도밖에 안 되는 반면 R136a1은 표면 온도가 약 4만 도에 이른다. 그리고 빠르게 운동하는 표면의 원자들은 중력을 거슬러 우주로 방출된다. 별은 이런 '항성풍'을 통해 질량을 잃어버린다. 뜨거울수록 더 많이 잃어버린다. 그리하여 R136a1은 이미 태양의 35배에 해당하는 질량을 잃었다. 태어났을 때는 질량이 거의 태양의 300배에 이르렀던 것이다.

그런데 이렇게 거대한 별은 그리 오래 살지 못한다. 최소한 천문학적인 잣대로 따지면 단명한다. 이 별은 약 100만 년 전에 태어났기 때문에, 아직은 우주의 '아기'라 할 수 있는데, 태양만큼 성숙한 연령에는 도달하지 못할 전망이다(우리의 태양으로 말할 것 같으면 이미 45억 살이다). 별은 질량이 클수록, 더 뜨겁게 타오르고, 그만큼 더 빠르게 연료를 소진해버린다. 1950년대 미국의 배우들처럼 '짧고 굵은' 인생을 높이 치는 것이다. 그리하여 R136a1은 앞으로 천몇백만 년 정도밖에 더 살지 못할 것이다.

상식 밖에 존재하는 '예외'

사실 이런 별이 있다는 것 자체가 이미 놀랍다. 고온인 별일수록 복사선을 더 많이 방출할 수 있기 때문이다. 복사선은 내부로부터 별의 바깥쪽 질량에 압박을 가하는데, 복사압이 너무 커지면 안쪽으로 작용하는 중력이 외부로 작용하는 복사선을 더 이상 감당하지 못하여, 별은 자신의 복사선으로 말미암아 미처 별로서 생애를 본격적으로 시작하기도 전에 그냥 갈가리 찢기게 된다. 그리하여 2010년 R136al 이 발견되기 전까지 학자들은 질량이 태양의 150배가 넘는 별은 존재할 수 없다고 여겼다. 그러나 타란툴라 성운의 이 괴물 별이 천문학으로 사고의 전환을 가져온 것이다. 이런 규칙에서 벗어나는 예외들도 있을 수 있다고 말이다. 물론 이렇게 큰 별은 일반적인 별과는 다른 경로를 통해 생겨나는지도 모른다. 가령 서로 가까이에서 생겨났던 여러 젊은 별이 합쳐져서 괴물 별이 탄생한 것일지도 모르는 일이다.

따라서 가장 밝은 별을 완벽하게 이해하려면 약간의 연구가 더 필요할 전망이다. 그때까지 R136al에게 좀 더 합당한 이름은 없을까 고민해볼 수 있을 것이다.

트라피스트-1
서식 가능 지역

천문학에서 말하는 '지구형 행성'

2017년 몇몇 언론은 드디어 '제2의 지구'가 발견되었다고 보도했다. 당시 제2의 지구로 소개된 행성은 '트라피스트-1'이라는 별을 공전하고 있다. 이 보도에 딸린 일러스트에서 독자들은 대양에 얼음 덩어리가 떠다니고, 하늘에는 붉은 태양과 다른 행성들이 떠 있는 모습을 볼 수 있었다. 그러나 이 제2의 지구는 사실 일러스트레이터의 환상 속에서만 지구와 비슷한 모습이다. 그리고 트라피스트-1의 행성은 '최초의' 제2의 지구도 아니다. 제2의 지구는 이미 2011년 별 HD 85521 곁에서 발견되었다. 그 이후로도 제2의 지구는 2012년에 별 GJ 67C에서 등장했고, 2014년에는 케플러-186에서, 2016년에는 프록시마 켄타우리 곁에서 발견되었다. 그 전후로 이른바 '제2의 지구 발견'이 심심치 않게 매스컴을 장식했다.

지구와 비슷한 행성을 찾고 싶은 마음은 이해가 간다. 인류는 아주 오래전부터 지구 외에 생명체가 사는 곳이 또 있지 않을까 상상을 해왔다. 그러나 태양 말고 다른 별을 도는 첫 번째 행성이 발견된 건 비로소 1995년에 들어서였다. 그러나 첫 외계 행성이 발견되기 2000년도 더 전부터, 그리고 발견된 뒤에도 인류는 늘 이런 의문을 가졌다. 지구는 우주의 고독한 오아시스일까? 아니면 우주의 다른 곳에 생명체가 살 만한 조건이 있는 행성이 있을까?

애석하게도, 천문학자들이 최근 몇십 년간 발견한 행성들은 모두 '제2의 지구'가 아니다. 그것들은 너무 크거나, 너무 뜨겁거나, 너무 차갑거나, 또는 다른 식으로 생명에 적대적이다. 외계 행성 수색 초기에는 기술의 한계로 말미암아 아주 큰 행성밖에 발견할 수 없었다. 주로 목성이나 토성처럼 딱딱한 표면이 없는 커다란 가스 행성들이었다. 당연히 '제2의 지구'와는 너무나 거리가 먼 행성들이었다. 그러다가 2009년에야 비로소 CoRoT-7b를 도는 행성이 발견되었고, 이 행성이 지구처럼 딱딱한 표면을 가지고 있음이 드러난 것이다. 이것이 바로 최초로 발견된 '지구형 행성'이다.

언론이 '제2의 지구'라며 떠들어댄 데에는, 새로 발견된 행성이 지구와 비슷한 '지구형 행성'이라고 소개한 천문학계의 책임도 있다. "지구형 행성이다." 혹은 "지구와 비슷하다."라는 말의 뜻은 행성이 딱딱한 암석 표면을 가지고 있고, 중심부가 금속으로 되어 있다는 얘기다. 우리 태양계에서는 지구 외에 수성, 금성, 화성이 바로 이런 암석 행성에 해당한다. 하지만 이들의 사정을 아는 우리로서는 이들을 지구와 비슷하다고 칭할 수 없을 것이다. 수성, 금성, 화성 모두 내부 구조에 한해서는 지구와 비슷하지만 굉장히 생명에 적대적인 조건을 가지고 있기 때문이다. 그러므로 천문학적인 의미에서 지구와 비슷한 행성이라 할 때, 그곳에 지구와 비슷한 생명체가 있을 것으로 기대해서는 안 된다.

생명 친화적 행성, 진짜 제2의 지구를 찾아서

지금까지 발견된 지구형 행성 중 자신의 별과의 거리가 적당하여 너무 뜨겁지도 차지도 않은 생명체 '서식 가능 지역habitable zone'에 있는 행성, 최소한 이론적으로 생명 친화적인 조건을 갖추고 있을 수도 있다고 여겨지는 행성은 극소수에 불과하다. 이마저 그럴 수도 있다고 가정하는 수준이지, 이런 행성들이 정말로 생명 친화적인 조건을 갖추고 있는지는 모를 일이다. 이들 천체에 대한 우리의 지식이 아직 한참 부족하기 때문이다. 행성의 대기를 분석하거나 정말로 대기가 있는지를 확인할 수 없는 한, 그곳의 자기장이나 지질을 연구하지 못하는 한, 그곳의 실제 환경에 대해 단정할 수 없다. 물론 차세대 우주 망원경과 대망원경이 비로소 그런 연구를 가능케 만들 전망이다. 완공을 앞둔 유럽 남방 천문대가 칠레에 설치하고 있는 대망원경 같은 기기가 앞으로 외계 행성에 대해 전보다 더 정확한 데이터를 공급해 줄 것으로 보인다.

그러므로 그전까지는 언론에 '제2의 지구'라는 표현이 등장해도 감안해서 듣기 바란다. 아직 인류는 제2의 지구를 발견하기엔 이르다. 그러나 2000년 넘게 진짜 제2의 지구가 발견되길 기다려온 마당에 조금 더 못 기다리랴. 외계 행성 중 정말로 제2의 지구라 할 만한 행성이 있다면, 앞으로 몇십 년 안에 발견할 수 있을 것이다.

트라피스트-1은 이를 위해 충분히 수색할 가치가 있는 별이다. 태양계에서 40광년밖에 떨어져 있지 않은 이 작은 별은 일곱 개의 지구형 행성을 거느리고 있고, 그중 세 행성은 '서식 가능 지역'에 있

다. 언론의 과장된 일러스트레이션이 늦게나마 과히 틀리지 않은 것
으로 드러날지도 모른다.

97

백조자리 P
밝은 청색 변광성

우리 눈으로 볼 수 있는 가장 멀리 있는 별

사람은 얼마나 멀리 볼 수 있을까? 아무것도 시야를 가리지 않고 대기가 맑으면 약 5킬로미터 정도를 볼 수 있다. 평균 키를 가진 사람의 시선으론 지표면의 굽은 형태로 말미암아 그 이상은 잘 보지 못한다. 그렇다면 시선을 하늘로 향하면 어떨까? 맑은 밤하늘에 보이는 별들 중 어떤 것이 가장 멀리 있는 별일까?

이것은 쉽게 던질 수 있는 질문이지만, 그 대답을 내놓기는 쉽지가 않다. 성능 좋은 망원경으로는 상상할 수 없을 만큼 먼 은하도 관측할 수 있다. 하지만 일반적으로 '본다'는 것은 육안을 이용한 관측을 의미한다. 그런데 볼 수 있는 거리는 사람마다 다르다. 처한 조건도 영향을 미친다. 인공조명을 환하게 밝힌 대도시 한가운데에서 볼 수 있는 별은, 깜깜한 사막에서 볼 수 있는 별에 비해 훨씬 소수다.

게다가 거리 측정의 문제도 있다. 별을 보는 것은 단순하다. 그러나 보이는 별의 정확한 거리를 측정하는 것은 힘든 일이다. 게다가 육안으로 보이는 모든 별에 대해 정확한 거리가 알려져 있는 것도 아니어서, 보이는 별 중 어느 별이 가장 멀리 있느냐는 질문에 대한 답은 결코 쉽게 구할 수 없다.

다만 HD 70761이 그 후보가 될 수 있을 것이다. 이 별은 아주 밝게 빛나서 시력이 좋은 사람은 조건이 좋을 때 망원경 없이 이 별을 관측할 수 있다. 하지만 거리가 1만 광년이 넘을 거라는 것 외에는 이 별에 대해 그리 알려진 것이 많지 않다. 그러므로 HD 70761보다는, 우리에게서 8000광년 이상 떨어져 있는 것으로 추정되는 황색거성인 카시오페이아자리 V509가 더 흥미로울 듯하다. 이 별은 크기가 태양의 거의 1000배에 이르고 35만 배 밝게 빛나서 HD 70761보다 더 뚜렷이 보인다.

별이 가질 수 있는 최대의 질량을 가진 별

그런데 이런 질문에 어차피 정확한 답변을 할 수 없다면, 백조자리 P를 승자로 꼽을 수 있지 않을까 싶다. 이 별은 거리가 7000광년 정도로 상당히 멀면서도 몇 가지 이야깃거리도 가지고 있다. 이 별은 오늘날에는 육안으로도 볼 수 있을 정도로 잘 보이지만, 17세기 전까지는 이 별의 존재를 아무도 몰랐다가 1600년 8월 18일에야 비로소 네덜란드의 지도 제작자인 빌렘 블라외Willem Blaeu의 눈에 띄었다. 백조자리에서 갑자기 밝은 별이 등장한 것이었다. 그런데 이 별은 이후 다시 어두워져, 1626년에는 망원경 없이는 보이지 않게 되었다. 이후 몇십 년간 이 별은 어두워졌다 밝아지기를 반복했고, 비로소 1715년부터 서서히 오늘날 수준으로 밝기가 상승했다.

백조자리 P별은 '밝은 청색 변광성Luminous blue variable'이다. 생애의 막바지에 이른 뜨겁고 파란 별을 이런 이름으로 부른다. 별이 가질 수 있는 최대의 질량을 가진 별이다 보니 굉장히 뜨겁고 밝다. 백조자리 P는 우리 태양보다 50만 배 이상 밝게 빛나고, 이런 복사력으로 말미암아 갈기갈기 찢기려 하고 있다. 계속해서 대기와 바깥층 가스의 일부를 떨쳐내고 있으며, 밝기가 변화하는 것은 바로 이런 분출 때문이다. 밝은 청색 변광성은 일반적으로 이런 혼란스러운 시기를 몇만 년 정도 견디며, 그다음에는 대규모 폭발로 생애를 마치게 된다.

따라서 백조자리 P가—최소한 천문학적 관점으로—가까운 미래에 더 이상 존재하지 않게 될 것이므로, 그동안에라도 그에게 '육안으로 볼 수 있는 가장 먼 별'이라는 타이틀을 부여해주는 것도 나쁘지 않을 거라 생각한다.

98

아웃캐스트
엄청난 속도로 은하수를 가로지르다

우리은하를 떠나고 있는 별

'아웃캐스트Outcast'는 초속 709킬로미터의 속도로 우주를 질주한다. 이 속도는 별로서도 굉장히 빠른 속도라, 수십억 개의 별을 거느린 전체 은하의 중력도 그 별을 붙잡아둘 수 없다. 이미 우리은하의 바깥쪽 영역에 다다른 아웃캐스트는 먼 미래에 우리은하를 아예 떠나 은하 사이의 텅 빈 공간에 다다르게 될 전망이다.

아웃캐스트는 젊고 뜨거운 별이다. 나이가 3억 5000만 년밖에 안 되었는데, 이미 짧은 생애 동안 수많은 우여곡절을 경험했다. 아웃캐스트는 태어날 때 파트너와 더불어 은하 중심부에서 쌍성을 이루고 있었을 것으로 짐작된다. 은하 중심부에서는 외곽 지역보다 모든 일이 더 분주하게 진행된다. 별들 사이의 거리도 태양계가 위치한 외곽 지역보다 더 가깝다. 그리고 초대 질량의 블랙홀에 먹힐 위험도 크다.

모든 커다란 은하처럼 우리은하의 중심에도 거대한 블랙홀이 있다. 질량이 무려 태양의 400만 배에 달하는 이 블랙홀은 자신의 중력과 자기 주변에서 일어나는 고에너지 현상으로 은하수 전체에 큰 영향력을 행사하고 있다. 약 1억 년 전에는 아웃캐스트의 운명도 결정했다.

별이 초고속으로 달리고 있는 이유

우리는 당시 아웃캐스트가 우리은하 중심 근처를 배회하고 있었음을 알고 있다. 지금 그가 가능하면 빨리 중심부를 벗어나려는 것처럼 중심부 반대 방향으로 질주하고 있기 때문이다. 1억 년 전쯤 아웃캐스트와 그의 파트너 별은 서로를 돌며 둘이 함께 우리은하 중심의 초대질량 블랙홀 주변을 운동했을 것이다. 하지만 블랙홀에 너무 가까이 다가가면 빠져나오지 못하는 법. 아웃캐스트의 파트너 별은 블랙홀 근처까지 다가갔다가 블랙홀에 먹혀버렸고, 아웃캐스트만 빠져나왔다. 아웃캐스트는 해머던지기를 하다가 놓쳐버린 해머처럼 초고속으로 내동댕이쳐진 듯하다.

2005년 아웃캐스트를 발견했을 때 학자들은 그렇게 상상했다. 아웃캐스트는 당시 최초로 발견된 '초고속별HVS, hypervelocity star'이었다. 은하의 중력을 극복하고 탈출할 수 있을 정도로 빠른 별을 초고속별이라 부른다. 그동안 초고속별은 스무 개가 넘게 발견되었다. 모두가 은하 중심부의 블랙홀 덕분에 속력을 얻은 건 아니지만 말이다. 그중에는 중심부에서 동떨어진 지역 출신도 있고, 중심부의 블랙홀에서 현재의 위치까지 먼 거리를 질주했다고 보기에는 너무 젊은 별도 있다. 별을 그 정도로 빠르게 가속화할 수 있는 다른 메커니즘도 있는 듯하다.

그러나 그 메커니즘이 무엇인지 아직은 확실히 알지 못한다. 어마어마한 초신성 폭발이 그 원인이 되었을 수도 있다. 아니면 우리은하가 다른 은하와 충돌하는 과정에서 빠른 속도를 얻었을 수도 있다.

그런 일은 과거에 거듭 일어났을 것이다. 두 은하가 서로 아주 가까이 가면, 한 은하가 자신의 중력으로 다른 은하의 몇몇 별을 낚아채 오는 일이 일어날 수 있다. 그러나 이외 지금까지 전혀 예상하지 못한 이유로 초고속별이 생성될지도 모른다.

99

외뿔소자리 15
크리스마스트리 속 나선은하

우리은하의 생김새

우리가 우리은하의 형태를 알아채기까지 얼마나 오래 걸렸는지를 생각하면 좀 당황스럽다. 우리는 수십 년간 먼 은하를 보며 그 휘황찬란함에 감탄했다. 하지만 정작 우리의 우주적 고향이 어떤 모습인지는 알지 못했다. 약간 진부한 비유를 들자면, 나무에 가려 숲을 보지 못하는 형국이었던 것이다.

그랬다. 은하 안에 있는 수십억 개의 별들 한가운데에서 어떻게 은하 전체를 조망할 수가 있단 말인가. 1951년 크리스마스 때까지는 그랬다. 크리스마스가 지나고 미국의 천문학자 윌리엄 모건은 홀 전체를 가득 메운 학자들에게 우레와 같은 박수를 받았다. 평소에는 그리 적극적인 편이 아닌 학자들이 이날엔 발까지 구르며 기뻐했다. 모건이 처음으로 우리은하의 모형을 이미지로 제시했기 때문이다. 이 이미지에 외뿔소자리 15도 등장했는데, 이 별은 마침 '크리스마스트리 성단'이라 불리는 영역에 위치한 별이었다.

학자들은 오랫동안 우리은하가 무수한 별로 이루어진 납작한 원반 모양으로, 별다른 구조는 없을 거라고 생각해왔다. 그러던 중 1920년대에 들어 천문학자 에드윈 허블이 하늘에 보이는 나선형 안

개는 사실은 멀리 있는 나선은하들임을 확인했다. 이들이 우리은하의 일부분이 아니라, 우리와 어마어마한 거리를 두고 떨어져 있는 무수한 별들의 대규모 집단이라는 걸 말이다. 이후 우리은하도 별들이 이렇듯 나선형으로 배열되어 있지 않을까 궁금증이 솟았다. 하지만 그걸 알려면 별들이 우리에게서 얼마나 떨어져 있는지 거리를 측정하고 그것을 3차원 성도에 기입해야 할 것이었다.

그 일은 쉽지 않은 일이었다. 한편으로는 별이 많아도 너무나 많았다. 오늘날에도 은하수를 이루는 2000억 개의 별 중 정확히 거리를 아는 별은 10억 개도 안 된다. 게다가 별이 멀리 있을수록 거리측정이 더 어려워질 뿐 아니라, 정말로 멀리 있는 별은 경우에 따라서 아예 보이지가 않는다. 망원경의 성능이 오늘날만큼 좋지 않았던 20세기 초반에는 더더욱 그랬다.

끈기로 그려낸 우리은하의 나선 팔

그럼에도 모건은 우리은하가 어떻게 생겼는지 알고자 했고, 결국 관측할 수 있는 먼 별 중에서 정말로 밝은 별만 측정에 활용하자는 실용적인 생각에 도달했다. 이 밖에도 그는 다른 나선은하를 연구하여, 은하의 팔을 구성하는 건 무엇보다 정확히 그런 밝고, 젊고, 파르스름하고, 허여스름한 별들이라는 걸 알았다. 외뿔소자리 15도 그런 종류의 별이었다. 아니, 이 별은 사실 쌍성이다. 각각 태양 질량의 20배가 넘는 두 별로 구성되어 있다.

그런데 문제는 우리은하의 별들 사이 곳곳에 있는 우주 먼지가 그

빛의 일부를 차단하여, 이 별들의 거리를 측정하는 것을 어렵게 만든다는 것이었다. 하지만 이 문제는 별빛의 파란 부분이 붉은 부분보다 먼지의 영향을 더 많이 받는다는 데 착안하여 해결할 수 있었다. 각각의 색깔별로 별의 밝기를 비교하면, 먼지가 얼마나 그 빛에 영향을 미치는지를 계산할 수 있었다.

그런데 이 방법은 별이 원래 주로 어떤 색깔의 빛을 냈는지를 정확히 알 때만이 통하는 방법이었다. 파란빛을 내었는가, 아니면 파르스름한 빛을 내었는가, 파란색과 하얀색이 섞인 빛을 내었는가, 아니면 아예 하얀색인가. 먼지는 정확히 이런 정보를 가려버렸다. 어쩔 수 없이 별의 색깔을 다른 경로로 알아내야 했다. 결과적으로 모건은 별의 온도를 이용하기로 했고, 이를 파악하기 위해 별의 구성 성분을 분석했다. 별을 이런 방식으로 분류하는 방법은 이미 20세기 초에 발견된 바 있었다. 그러나 모건이 관심 있는 밝고 젊은 별들의 '스펙트럼 타입'은 아직 이해하지 못한 상태였다. 따라서 그는 이런 별들도 모순 없이 기존 시스템에 분류할 수 있는 방법을 찾아야 했다.

그는 끝내 그 일에 성공을 했고, 1951년에 외뿔소자리 15와 다른 별들의 관측 데이터를 하나의 이미지로 합성할 수 있었다. 그러자 바로 두 개의 나선 팔을 보여주는 이미지가 등장했다. 우리 역시 나선은하에 살고 있던 것이다! 그러나 우리은하가 세부적으로 어떻게 생겼는지, 나선 팔이 몇 개인지는 오늘날에도 여전히 정확히 밝혀지지 않았다. 나무들이 숲을 보지 못하게 우리의 시야를 가리고 있기 때문이다.

제타 오피유키
기후 변화의 원인을 찾아서

기후 변화의 원인은 우주에 있다?

우주는 우주 방사선(복사선)으로 가득 차 있다. 이것은 전자나 양성자 같은 입자들로, 사방에서 온다. 어떤 방사선은 태양에서 오고, 어떤 방사선은 다른 별에서 온다. 먼 우주에서도 온다. 우주 방사선은 초신성 폭발에서 크게 분출되며, 일반적인 별도 빛과 함께 우주에 복사선을 내뿜는다.

지구에서 주로 받는 것은 태양 방사선이다. 그러나 태양은 외부에서 오는 우주 방사선으로부터 우리를 보호해주기도 한다. 태양이 '태양풍'을 뿜어내 '낯선' 우주 방사선을 차단하는 바리케이드 역할을 해주기 때문이다. 태양풍이 강해졌다 약해졌다 함에 따라 바리케이드도 성능이 달라진다.

우주 방사선 입자들이 지구의 대기를 만나면 입자들은 그곳에서 에어로졸에 영향을 미칠 수 있다. 에어로졸은 매연, 꽃가루, 먼지, 박테리아 등 공기 중에 부유하는 작은 입자들을 말한다. 에어로졸은 우주 방사선과 상호작용하여 전하를 띨 수 있는데, 그렇게 되면 공기 중의 수증기가 이런 입자에 더 잘 달라붙어 더 쉽게 커다란 구름을 이룰 수 있다. 우주 방사선이 많아지면 구름도 많아지는 것이다.

그러다 보면 우주 방사선의 변화가 대기에 있는 구름의 양에 변화를 가져오고 지구의 기후 변화를 유발할 수 있다. 이런 논리에 따르면 기후 변동은 인간이 대기 중에 배출하는 온실가스와 별 상관이 없고, 태양풍과 우주 방사선의 자연스러운 변화와 관련이 있다.

기후 연구에서 나온 인식들을 부인하고, 기후 보호를 위한 노력을 나 몰라라 하고 싶은 사람들이 특히나 이런 설명을 좋아한다. 그들은 어쨌든 이런 논지를 설파하며 진짜 물리학자의 이름을 끌어온다. 1997년 우주 방사선이 기후에 미치는 영향에 대한 명제를 정립한 헨릭 스벤스마크Henrik Svensmark가 대표적이다. 2008년 출간된 《차가운 별 The Chilling Stars》에서 스벤스마크는 그 주제를 설명하면서 제타 오피유키(뱀주인자리 제타성)를 주장의 근거로 들었다.

제타 오피유키는 밤하늘에서 밝기로 100위 안에 드는 별로, 현재 360광년 떨어진 곳에서 굉장히 빠른 속도로 운동하고 있다. 이 별은 약 100만 년 전에 엄청난 추진력을 얻었던 것으로 보인다. 당시 그는 쌍성을 이루고 있었다. 그러나 파트너는 초신성 폭발을 해버렸고, 제타 오피유키는 그로 인해 엄청나게 빠른 속도로 은하수를 가로지르게 되었다. 태양계와 비교적 가까운 곳에서 일어난 이런 초신성폭발은 또한 엄청난 양의 우주 방사선을 만들어내 이것이 100만 년 전에 지구에 빙하기를 불러왔다고 스벤스마크는 말했다.

책임을 전가해선 안 된다

인간의 부주의한 행동으로 인한 기후 변화를 부인하는 사람들은 이런 주장에 열광한다. 그리고 그런 주장은 물리학적으로 설득력 있는 얘기다. 그런 메커니즘으로 작동할 수 있는 것이다. 그 이래로 많은 연구자들이 스벤스마크의 명제를 계속해서 점검했다. 하지만 우주 방사선이 스벤스마크가 생각하는 것만큼 구름 형성에 많은 영향을 끼치지는 않는다는 것을 확인했다. 그러는 동안에 유럽 원자핵 공동 연구소 CERN은 실험실에서 입자가속기로 만들어낸 우주 방사선을 도구로 구름 형성을 시뮬레이션했다. 그런데 여기에서도 그런 메커니즘은 실로 존재하지만 기후에 중대한 영향을 미칠 정도는 아닌 것으로 나타났다.

따라서 지난 몇십 년간의 기후학이 규명한 바를 함께 고려하면 지구 온난화에 대한 인간들의 책임이 크다는 결론을 내릴 수밖에 없다. 그러므로 다른 별에 기후 변화의 책임을 전가하지 말고, 우리 스스로 기후를 보호하고자 노력해야 할 것이다.

마치며

다시 별, 여전히 우주

우주에 대한 나의 이야기는 끝났다. 다만 이 모든 것은 내가 여러분께 들려주고자 한 이야기일 뿐이다. 이 외에도 무수히 많은 하늘에 대한 사실과 신화들, 그리고 그와 관련된 사람들의 이야기가 있다.

인간이 하늘을 얼마나 다양하고 다채롭게 탐구하고 있는지가 드러나도록, 나는 이 책에서 가능하면 천문학의 여러 분야를 아우르고자 했다. 하지만 그럼에도 이 책에는 우주의 일부만이 담겼다. 어쩔 수 없는 일이다. 우주는 한 인간이 다 설명할 수 없는 이야기로 가득하기 때문이다. 여러 사람이 우주에 대해 자신의 이야기를 들려줄 수 있어서 다행이다. 우주에 대한 책들이 많이 나와 있으므로 관심 있는 독자들은 스스로 찾아서 읽어보기 바란다. 우주에 대한 이야기는 아무리 읽어도 과하지 않으니 말이다.

모든 사람은 자신만의 시선으로 별들을 쳐다본다. 이 책이 많은 독자들로 하여금 다시 별을 올려다보고 우주에 대해 생각하게 하는 계기가 되기를 바란다.

참고문헌

2000 Jahre Weltuntergang: Himmelserscheinungen und Weltbilder in apokalyptischer Deutung, Rudolf Drößler, Würzburg, 1999.

Aristoteles in Oxford: Wie das finstere Mittelalter die moderne Wissenschaft begründete, John Freely, Stuttgart, 2014.

Asteroid Now: Warum die Zukunft der Menschheit in den Sternen liegt, Florian Freistette, München, 2015.

Auf der Suche nach den ältesten Sternen, Anna Frebel, Frankfurt am Main, 2012.

BigBang, Simon Singh, München, 2005.

Black Hole Blues and Other Songs from Outer Space, Janna Levin, New York, 2016.

Black Hole: How an Idea Abandoned by Newtonians, Hated by Einstein, and Gambled On by Hawking Became Loved, Marcia Bartusiak, New Haven, 2015.

Cecilia Payne-Gaposchkin: An Autobiography and Other Recollections, hg. Katherine Haramundanis, Cambridge, 2010.

Das 4%-Universum: Dunkle Energie, dunkle Materie und die Geburt einer neuen Physik, Richard Panek, München, 2011.

Das Auge Gottes: Das Teleskop und die lange Entdeckung der Unendlichkeit, Richard Panek, Stuttgart, 2004.

Das Echo der Zeit: auf den Spuren der Entstehung des Universums, George Smoot und Keay Davidson, München, 1995.

Das hässliche Universum, Sabine Hossenfelder, Frankfurt am Main, 2018.

Das Universum in deiner Hand: Die unglaubliche Reisedurch die Weiten von Raum und Zeit und zu den Dingen dahinter, Christophe Galfard, München, 2017.

Das Universum in der Nusschale, Stephen Hawking, Hamburg, 2001.

Das Universum ist eine Scheißgegend, Martin Puntigam, Heinz Oberhummer und Werner Gruber, München, 2015.

Der Astronom und die Hexe: Johannes Kepler und seine Zeit, Ulinka Rublack, Stuttgart, 2018.

Der große Entwurf: Eine neue Erklärung des Universums, Stephen Hawking und Leonard Mlodinow, Reinbek bei Hamburg, 2010.

Der Kaiser und sein Astronom: Friedrich III. und Georg von Peuerbach, Friedrich Samhaber, Peuerbach, 1999.

Der Komet im Cocktailglas, Florian Freistetter, München, 2013.

Der Stoff aus dem der Kosmos ist, Brian Greene, München, 2006.

Die Himmelsscheibe von Nebra, Harald Meller und Kai Michel, Berlin, 2018.

Die Neuentdeckung des himmels, Florian Freistetter, München, 2014.

Die Perfekte Theorie, Pedro G. Ferreira, München, 2019.

Die Suche nach der zweiten Erde: Illusion und Wirklichkeit der Weltraumforschung, Erhard Oeser, Darmstadt, 2009.

Die Vermessung des Himmels: Vom größten Wissenschaftsabenteuer des 18.Jahrhunderts, Andrea Wulf, München, 2017.

Eine kurze Geschichte der Zeit, Stephen Hawking, Berlin, 1988.

Einstein's Telescope: The Hunt of for dark matter and dark energy in the universe, Evalyn Gates, New York, 2009.

Gravity's Kiss: The Detection of Gravitational Waves, Harry Collins, Cambridge, 2017.

Hawking in der Nusschale, Florian Freistette, München, 2018.

Im Haus der Weisheit: Die arabischen Wissenschaften als Fundament unserer Kultur, Jim Al-Khalili, Frankfurt am Main, 2011.

Kann das alles Zufall sein? Geheimnisvolles Universum, Heinz Oberhummer, Salzburg, 2008.

Miss Leavitt's Stars: The Untold Story of the Woman Who Discovered How to Measure the Universe, George Johnson, New York, 2005.

Newton: Wie ein Arschloch das Universum neu erfand, Florian Freistetter, München, 2017.

Parallax: The Race to Measure the Cosmos, Alan Hirshfeld, Mineola, 2001.

Planetenjäger: Die aufregende Entdeckung fremder Welten, Reto Schneider, Basel, 1997.

Quantum Space, Jim Baggott, Oxford, 2018.

참고문헌

Sieben kurze Lrktionen über Physik, Carlo Rovelli, Reinbek bei Hamburg, 2015.

Signale der Schwerkraft: Gravitationswellen: Von Einsteins Erkenntnis zur neuen Ära der Astrophysik, Rüdiger Vaas, Stuttgart, 2017.

Space Oddties: Our strage attempts to explain the universe, S.D. Tucker, Stroud, 2017.

SPACE Eine Entdeckungsgeschichte des Weltalls, Heather Couper und Nigel Henbest, Hamburg, 2016.

Starlight Detectives, Alan Hirshfeld, New York, 2014.

Sternenflug und Sonnenfeuer: Drei Astronominnen und ihre Lebensgeschichte, Charlotte Kerner und Doro Göbel, Weinheim/Basel, 2004.

The Astronomical Scrapbook, Joseph Ashbrook, Cambridge, 1985.

The Day We Found the Universe, Marcia Bartusiak, New York, 2009.

The Haunted Observatory, Richard Baum, Amherst, 2007.

The International Astronomical Union: Uniting the community for 100 years, John Andersen, David Baneke und Claus Madsen, Berlin, 2019.

The Life of Super-Earths: How the Hunt for Alien Worlds and Artificial Cells Will Revolutionize Life on Our Planet, Dimetas Sasselov, New York, 2012.

The Making Of History' Greatest Star Map, Michael Perryman, Berlin/Heidelberg, 2010.

The Neutrino Hunters, Ray Jayawardhana, New York, 2013.

The Quiet Revolution of Caroline Herschel: The Lost Heroine of Astronomy, Emily Winterburn, Stroud, 2017.

The Sun Kings: The Unexpected Tragedy of Richard Carrington and the Tale of How Modern Astronomy Began, Stuart Clark, Princeton, 2007.

The Universe in a Mirror:The Saga of the Hubble Space Telescope and the Visionaries Who Built it, Robert Zimmerman, Princeton, 2008.

Tunnel durch Raum und Zeit: Von Einstein zu Hawking: Schwarze Löcher, Zeitreisen und Überlichtgeschwindigkeit, Rüdiger Vaas, Stuttgart, 2012.

Und die Sonne stand still: Wie Kopernikus unser Weltbild revolutionierte, Dava Sobel, Berlin, 2012.

Vor dem Urknall, Brian Clegg, Reinbek bei Hamburg, 2012.

Wie ich Pluto zur Strecke brachte: und warum er es nicht anders verdient hat, Mike Brown, Beflin/Heidelberg, 2012.

찾아보기

345

347

100개의 별, 우주를 말하다

초판 1쇄 발행   2021년 1월 25일
초판 3쇄 발행   2022년 1월 10일

지은이 • 플로리안 프라이슈테터
옮긴이 • 유영미
감수자 • 이희원

펴낸이 • 박선경
기획/편집 • 이유나, 강민형, 오정빈
홍보/마케팅 • 박언경, 황예린
디자인 제작 • 디자인원(031-941-0991)

펴낸곳 • 도서출판 갈매나무
출판등록 • 2006년 7월 27일 제395-2006-000092호
주소 • 경기도 고양시 일산동구 호수로 358-39 (백석동, 동문타워 I) 808호
전화 • 031)967-5596
팩스 • 031)967-5597
블로그 • blog.naver.com/kevinmanse
이메일 • kevinmanse@naver.com
페이스북 • www.facebook.com/galmaenamu

ISBN 979-11-90123-93-8/03440
값 18,000원